北京课工场教育科技有限公司 出品

新技术技能人才培养系列教程

Web全栈工程师系列

Bootstrap 与移动应用开发

肖睿 游学军 / 主编
刘睿凡 王奇志 孙重巧 / 副主编

人民邮电出版社
北京

图书在版编目（CIP）数据

Bootstrap与移动应用开发 / 肖睿，游学军主编. --
北京 ：人民邮电出版社，2019.1（2022.11重印）
新技术技能人才培养系列教程
ISBN 978-7-115-49980-6

Ⅰ. ①B… Ⅱ. ①肖… ②游… Ⅲ. ①移动终端一应用
程序一程序设计一教材 Ⅳ. ①TN929.53

中国版本图书馆CIP数据核字(2018)第253187号

内容提要

本书围绕 Bootstrap 框架和移动端网页开发两条主线展开介绍。在 Bootstrap 框架部分，讲解 Flex 布局与响应式布局，Bootstrap 核心 CSS 组件与 JavaScript 插件，以任务案例为驱动，让读者快速上手制作出响应式网页。在移动端网页开发部分，除了介绍移动端页面布局，移动端事件和移动端开发技巧，还加入了对 Zepto 库的介绍，最后通过移动端网站“爱旅行”的开发进行知识整合，渐进式地完成项目开发。

本书示例丰富，侧重实战，适合刚接触或即将接触移动端开发的开发者，也适合有过移动端开发经验还想进一步提升的开发者。

◆ 主　　编　肖　睿　游学军
副 主 编　刘睿凡　王奇志　孙重巧
责任编辑　祝智敏
责任印制　马振武
◆ 人民邮电出版社出版发行　　北京市丰台区成寿寺路 11 号
邮编　100164　　电子邮件　315@ptpress.com.cn
网址　http://www.ptpress.com.cn
山东华立印务有限公司印刷
◆ 开本：787×1092　1/16
印张：13　　2019 年 1 月第 1 版
字数：291 千字　　2022 年 11 月山东第 7 次印刷

定价：39.80 元

读者服务热线：(010)81055256　印装质量热线：(010)81055316
反盗版热线：(010)81055315
广告经营许可证：京东市监广登字 20170147 号

Web 全栈工程师系列

编　委　会

序　言

丛书设计

随着“互联网+”上升到国家战略，互联网行业与国民经济的联系越来越紧密，几乎所有行业的快速发展都离不开互联网行业的推动。而随着软件技术的发展以及市场需求的变化，现代软件项目的开发越来越复杂，特别是受移动互联网影响，任何一个互联网项目中用到的技术，都涵盖了产品设计、UI 设计、前端、后端、数据库、移动客户端等各方面。而项目越大、参与的人越多，就代表着开发成本和沟通成本越高，为了降低成本，企业对于全栈工程师这样的复合型人才越来越青睐。目前，Web 全栈工程师已是重金难求。在这样的大环境下，根据企业人才的实际需求，课工场携手 BAT 一线资深全栈工程师一起设计开发了这套“Web 全栈工程师系列”教材，旨在为读者提供一站式实战型的全栈应用开发学习指导，帮助读者踏上由入门到企业实战的 Web 全栈开发之旅！

丛书特点

1．以企业需求为设计导向

满足企业对人才的技能需求是本丛书的核心设计原则，为此课工场全栈开发教研团队，通过对数百位 BAT 一线技术专家进行访谈、上千家企业人力资源情况进行调研、上万个企业招聘岗位进行需求分析，从而实现对技术的准确定位，达到课程与企业需求的强契合度。

2．以任务驱动为讲解方式

丛书中的知识点和技能点都以任务驱动的方式讲解，使读者在学习知识时不仅可以知其然，而且可以知其所以然，帮助读者融会贯通、举一反三。

3．以边学边练为训练思路

本丛书提出了边学边练的训练思路：在有限的时间内，读者能合理地将知识点和练习融合，在边学边练的过程中，对每一个知识点做到深刻理解，并能灵活运用，固化知识。

4．以“互联网+”实现终身学习

本丛书可配合使用课工场 App 进行二维码扫描，观看配套视频的理论讲解、PDF 文档，以及项目案例的炫酷效果展示。同时课工场在线开辟教材配套版块，提供案例代码及作业素材下载。此外，课工场也为读者提供了体系化的学习路径、丰富的在线学习资源以及活跃的学习交流社区，欢迎广大读者进入学习。

读者对象

1．大中专院校学生
2．编程爱好者
3．初级程序开发人员
4．相关培训机构的老师和学员

致谢

本丛书由课工场全栈开发教研团队编写。课工场是北京大学优秀校办企业，作为国内互联网人才教育生态系统的构建者，课工场依托北京大学优质的教育资源，重构职业教育生态体系，以学员为本，以企业为基，构建“教学大咖、技术大咖、行业大咖”三咖一体的教学矩阵，为学员提供高端、实用的学习内容！

读者服务

读者在学习过程中如遇疑难问题，可以访问课工场在线，也可以发送邮件到 ke@kgc.cn，我们的客服专员将竭诚为您服务。

感谢您阅读本丛书，希望本丛书能成为您踏上全栈开发之旅的好伙伴！

“Web 全栈工程师系列”丛书编委会

前　言

随着移动互联网技术的快速发展，移动设备的应用日渐火热。移动设备信号覆盖广、操作便捷、携带方便，已成为人们日常工作和生活的必需品，其应用市场不断扩大，越来越受到人们的关注，因此开发移动应用就变得越发重要。除了以往熟知的原生 App 开发，如安卓开发、iOS 开发以外，目前使用 HTML5 和 CSS3 开发网页版的移动应用需求更是与日俱增，相较传统原生开发方式，这种开发方式的维护成本更低、开发周期更短，开发完成后可以应用在各个平台。

本书分为 4 个部分、8 章来设计内容，即使用媒体查询制作响应式网页、使用 Bootstrap 框架制作前端网页、在理想视口下制作专为移动端网站设计的移动页面和移动端项目实战，具体安排如下：

第一部分（第 1 章）：介绍常用的弹性布局方法以及响应式布局方式，读者可以快速熟练地掌握 Flex 属性和媒体查询，制作出响应式的网页效果。

第二部分（第 2～4 章）：使用 Bootstrap 框架制作前端网页，主要内容包括 Bootstrap 栅格系统原理、CSS 组件、JavaScript 插件等，通过学习读者可以快速制作出适合各终端的精美网页。

第三部分（第 5～7 章）：包括移动端页面布局基础、移动端常用事件、Zepto 库的使用，以及移动端开发过程中的常见问题、开发技巧、移动端优化等内容，让读者真正体会实际开发。

第四部分（第 8 章）：经过前面 7 章内容的学习，读者已经具备了开发项目的能力。最后一章来制作“爱旅行”移动端项目，从开发流程到页面的制作步骤，按照项目页面逐一分析，带领读者由浅入深地体验移动端项目开发的全过程，积累移动端项目的开发与调试经验。

本书采用边学边练的方式，在讲解过程中融入了大量的案例及最后整合的“爱旅行”项目实战，以充分提高读者的动手编码能力。

学习本书还需要掌握正确的学习方法，保证课前预习、课上练习、课下复习的好习惯。

学习方法

本书讲解 Bootstrap 框架、HTML5 移动端网页的开发。这些知识大部分都面向移动端用户，所以读者除掌握书中的知识外，还需要从以下几个方面多努力。

- 上网查询与移动网页开发相关的技术文档。
- 看懂教材中的案例后自己独立完成。
- 找相关的移动网页，自己练习完成。一句话，练习练习还是练习。

总之，学习编程技术，要养成好的学习习惯、掌握正确的学习方法，然后持之以恒，定能学有所成。

本书由课工场 Web 全栈开发教研团队组织编写，参与编写的还有游学军、刘睿凡、王奇志、孙重巧等院校老师。尽管编者在写作过程中力求准确、完善，但书中不妥或错误之处仍在所难免，殷切希望广大读者批评指正！

本书还给读者提供了更加便捷的学习体验，可以通过直接扫描二维码的方式下载书中所有的上机练习素材及作业素材。

关于引用作品的版权声明

为了方便读者学习，促进知识传播，本书选用了一些知名网站的相关内容作为学习案例。为了尊重这些内容所有者的权利，特此声明，凡在书中涉及的版权、著作权、商标权等权益均属于原作品版权人、著作权人、商标权人。

为了维护原作品相关权益人的权益，现对本书选用的主要作品的出处给予说明（排名不分先后）。

序号	选用的网站作品	版权归属
1	爱V猫部分页面	深圳市童心网络有限公司
2	美联英语部分页面	美联英语
3	全国公安机关互联网安全管理服务平台页面	公安部网络安全保卫局
4	优酷视频部分页面	优酷
5	搜狐新闻部分页面	搜狐
6	百度部分页面	百度
7	所问数据部分页面	北京所问数据有限公司
8	新东方少儿英语部分页面	新东方

以上列表中可能并未全部列出本书选用的作品。在此，我们衷心感谢所有原作品的相关版权权益人及所属公司对职业教育的大力支持！

智慧教材使用方法

扫一扫查看视频介绍

由课工场“大数据、云计算、全栈开发、互联网 UI 设计、互联网营销”等教研团队编写的系列教材，配合课工场 App 及在线平台的技术内容更新快、教学内容丰富、教学服务反馈及时等特点，结合二维码、在线社区、教材平台等多种信息化资源获取方式，形成独特的“互联网+”形态——智慧教材。

智慧教材为读者提供专业的学习路径规划和引导，读者还可体验在线视频学习指导，按如下步骤操作可以获取案例代码、作业素材及答案、项目源码、技术文档等教材配套资源。

1．下载并安装课工场 App。

（1）方式一：访问网址 www.ekgc.cn/app，根据手机系统选择对应课工场 App 安装，如图 1 所示。

移动课工场
简单专注
把学习放进口袋！
iPhone 版
Android 版

图1　课工场App

（2）方式二：在手机应用商店中搜索“课工场”，下载并安装对应 App，如图 2、

图 3 所示。

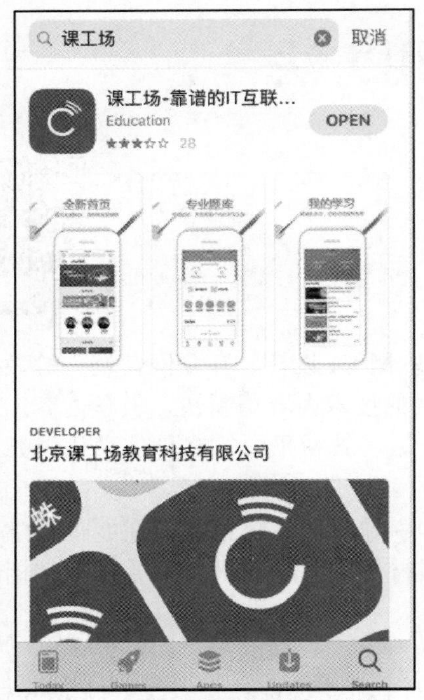

图2　iPhone版手机应用下载

图3　Android版手机应用下载

2．登录课工场 App，注册个人账号，使用课工场 App 扫描书中二维码，获取教材配套资源，依照如图 4 至图 6 所示的步骤操作即可。

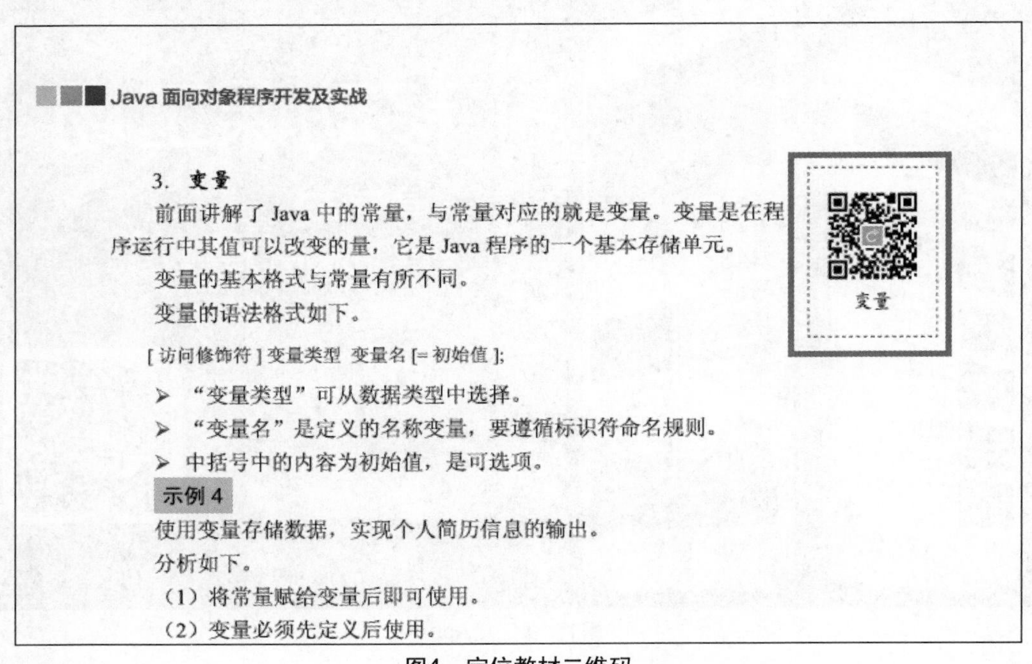
Java 面向对象程序开发及实战

3．变量

前面讲解了 Java 中的常量，与常量对应的就是变量。变量是在程序运行中其值可以改变的量，它是 Java 程序的一个基本存储单元。

变量的基本格式与常量有所不同。

变量的语法格式如下。

[访问修饰符] 变量类型 变量名 [= 初始值];

➢ "变量类型"可从数据类型中选择。

➢ "变量名"是定义的名称变量，要遵循标识符命名规则。

➢ 中括号中的内容为初始值，是可选项。

示例 4

使用变量存储数据，实现个人简历信息的输出。

分析如下。

（1）将常量赋给变量后即可使用。

（2）变量必须先定义后使用。

图4　定位教材二维码

图5　使用课工场App“扫一扫”扫描二维码

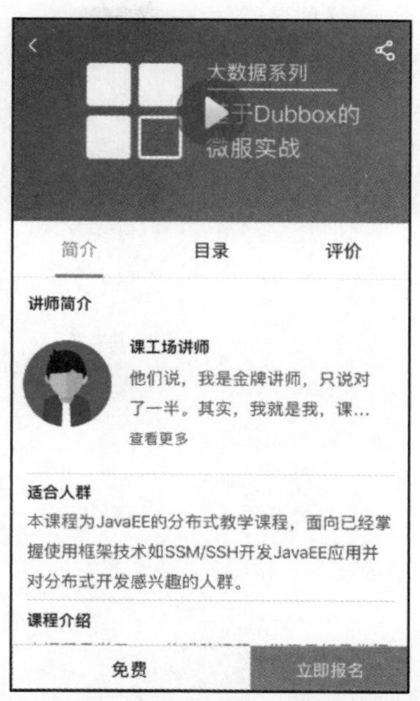

图6　使用课工场App免费观看教材配套视频

3．获取专属的定制化扩展资源。

（1）普通读者请访问 http://www.ekgc.cn/bbs 的“教材专区”版块，获取教材所需开发工具、教材中示例素材及代码、上机练习素材及源码、作业素材及参考答案、项目素材及参考答案等资源（注：图 7 所示网站会根据需求有所改版，仅供参考）。

图7　从社区获取教材资源

（2）高校老师请添加高校服务 QQ：1934786863（如图 8 所示），获取教材所需开发工具、教材中示例素材及代码、上机练习素材及源码、作业素材及参考答案、项目素材及参考答案、教材配套及扩展 PPT、PPT 配套素材及代码、教材配套线上视频等资源。

图8　高校服务QQ

目 录

第1章

Flex 布局与响应式布局

本章任务

任务 1：认识 Flex 弹性盒布局

任务 2：实现响应式布局

技能目标

❖ 熟练使用媒体查询完成响应式布局

❖ 掌握 Flex 弹性盒布局

本章知识梳理

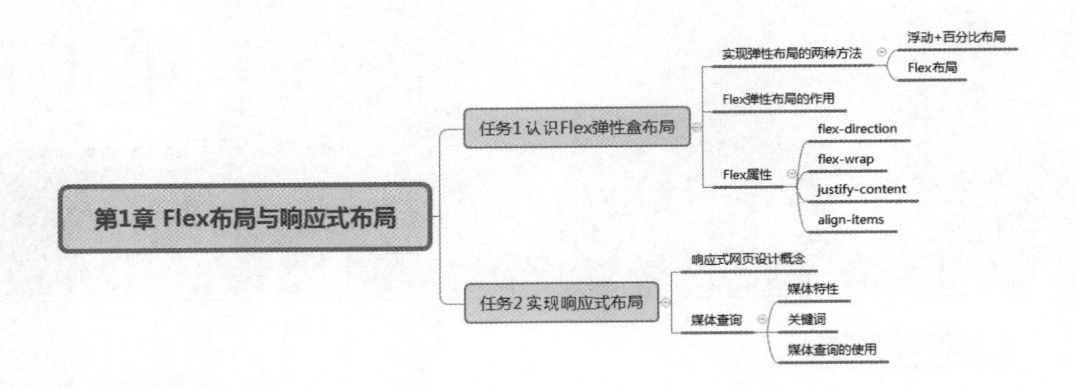

本章简介

随着科学技术不断向前发展，网页的浏览终端越来越多样化，用户可以通过宽屏电视、台式机、笔记本电脑、平板电脑和智能手机来访问网站。尽管无法保证一个网站在不同屏幕尺寸和不同设备上看起来一模一样，但是至少要让制作的 Web 页面适配用户的终端，让它更好地呈现在用户面前。

针对这样的需求，本章将会介绍弹性的 Flex 布局，以及适配多终端的响应式布局。学完本章内容将能使用 CSS3 中的 Media Query 模块让一个网页适应不同的终端（或屏幕尺寸），从而让页面有一个更好的用户体验。

预习作业

简答题

（1）Flex 布局的好处是什么？

（2）媒体查询有什么作用？

任务 1 认识 Flex 弹性盒布局

1.1.1 为什么要使用弹性布局

网站设计使用固定宽度（如 960 像素）是期望给所有终端用户带来较为一致的浏览体验，但这种固定宽度设计在笔记本上显示刚刚好，而在部分高分辨率显示器上却会在两边出现空白，如图 1.1 所示。这样的网页对使用高分辨率显示器的用户的体验是极差的。同理，如果设置 1263px 的固定宽度，在低分辨率的显示器上去浏览，那么就会出现横向的滚动条，需要用户滑动滚动条才能看清楚网页右边的内容，用户体验也是很不好的，如图 1.2 所示。

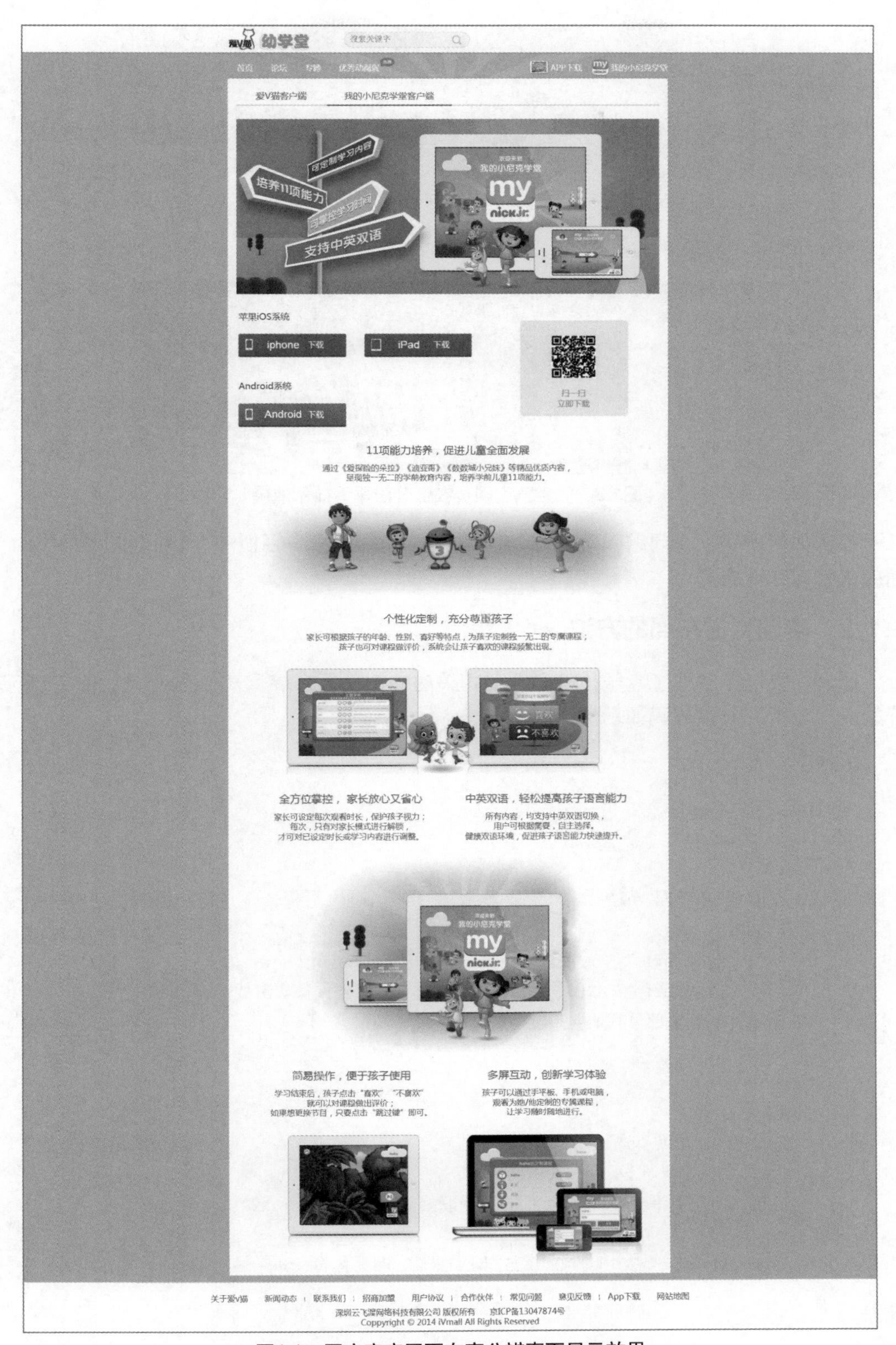

图1.1　固定宽度网页在高分辨率下显示效果

图1.2　固定宽度网页在低分辨率下显示效果

那么如何解决上述问题呢？使得无论在何种分辨率下都能让用户很好地浏览网页。下面就来学习弹性布局。

1.1.2　实现弹性布局的方法

读者如果已经掌握了盒子模型和浮动相关的知识，那么接下来就先从一个固定的布局开始入手分析。具体代码如示例 1 所示。

示例 1

```
<!--省略部分代码-->
<div class="box clear">
    <aside>
        <h2>热点新闻</h2>
        <ul>
            <li><a href="#">后院篮球 9 月 3 日于麓山</a></li>
            <li><a href="#">好久不见，恒大外援阿兰代表预备队出战</a></li>
            <!--省略部分代码-->
        </ul>
    </aside>
    <article>
        <p>首页>正文</p>

        <h2>穆帅:我不会被解雇  你们知道曼联要赔我多少钱吗?</h2>

        <p class="time">2018-09-04 07:57:41    来源: 网易体育</p>

        <div>
            <p>
```

英超第 4 轮，曼联客场击败伯恩利，穆里尼奥拿到了救命的三分。赛后，压力得到释放的穆帅很是开心，他与球迷进行了积极的互动，并将手里的夹克送给球迷。而在接受媒体采访的时候，穆帅表示自己一点都不担心被解雇，他还略带玩笑地说道："你们知道曼联解雇我得赔多少钱吗？"

```
        </p>
<!--省略部分代码-->
```

关键的 CSS 代码如下所示。

```
.box {
        width: 960px;
        border: 1px solid #000000;
        padding: 10px;
}
aside {
        width: 280px;
        float: left;
        background: red;
        padding: 10px;
}
article {
        margin-left: 10px;
        width: 650px;
        float: left;
        background: yellow;

}
```

上述代码在宽屏浏览器中的显示效果如图 1.3 所示。可以发现，在网页右边出现了一块空白。这是因为网页内容的总宽度是 960px，而浏览器的宽度是 1424px，所以网页元素右边就会出现多余的空白。

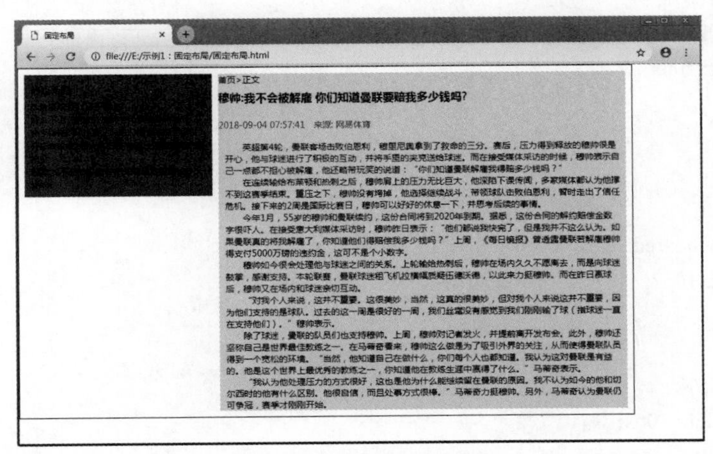

图1.3　宽屏下的显示效果

如果浏览器的宽度很小，又会是什么显示效果呢？具体如图 1.4 所示。

图1.4　窄屏下的显示效果

从图 1.4 中可以看出，网页内容有一部分被遮挡住了，需要用户手动滑动横向滚动条才能看到完整的网页。这样的浏览效果对于用户来说体验是非常不好的，接下来介绍两种方法，来解决上述问题。

1．“浮动+百分比”布局

首先来思考一下，为什么示例 1 中的页面会在不同浏览器尺寸下显示差别那么大？其实是因为结构元素设置了固定宽度。从这个角度出发，如果网页的宽度不是一个固定值，是否就可以具有“弹性”呢？

给网页元素设置宽度一直都习惯使用像素（px）作为单位，其实还有一种单位——百分比。接下来就把示例 1 的代码用百分比单位稍加修改，具体如下所示。

```
.box {
    width: 100%;
    border: 1px solid #000000;
    padding: 10px;
}
aside {
    width: 30%;
    float: left;
    background: red;
    padding: 10px;
}
article {
    width: 65%;
    margin-left: 10px;
    float: left;
    background: yellow;
}
```

使用浮动和百分比修改页面后的显示效果如图 1.5 和图 1.6 所示。这时候网页的内容就不会再受浏览器宽度的影响了，它会随着浏览器的伸展而伸展、收缩而收缩。

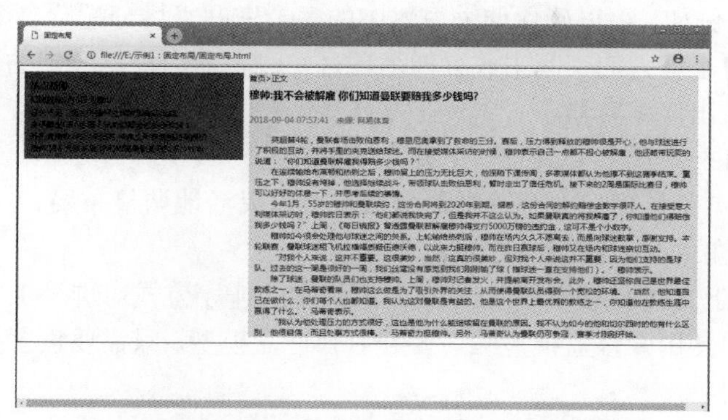

图1.5 “浮动+百分比”布局在宽屏下的显示效果

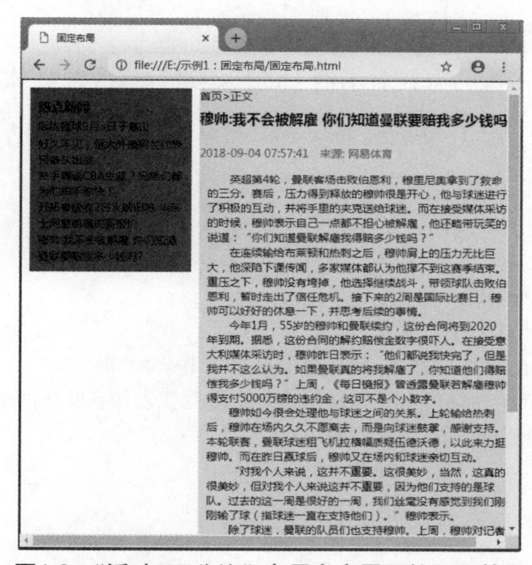

图1.6 “浮动+百分比”布局在窄屏下的显示效果

仔细观察图 1.5 和图 1.6 会发现，如果左边栏内容没有右边栏内容多，下边会空出来。如果这两栏的下面还有其他网页内容，就会排在它们下方，网页上会在中间空出来一块，很难看。况且网页元素收缩也不是无限收缩，当收缩到它的最小宽度时，第二栏就会排到第二行上。

所以这种布局方式也不是在所有场合都可以使用。除此之外，还有 Flex 布局方式。下面就来看看 Flex 布局方式能否更完美地解决示例 1 中的问题。

2. Flex 布局

Flex（Flexible Box）布局是在 CSS3 中引入的，又称“弹性盒模型”。该模型决定一个盒子在其他盒子中的分布方式以及如何处理可用的空间。

Flex 布局对于设计比较复杂的页面非常有用，可以在屏幕和浏览器窗口大小发生变化时，保持元素的相对位置和大小不变，同时减少了在实现元素位置的定义以及重置元素的大小时对浮动布局的依赖。

Flex 布局在定义伸缩项目大小时，伸缩容器会预留一些可用空间，以调节伸缩项目的相对大小和位置。例如，可以确保伸缩容器中的多余空间平均分配给多个伸缩项目。当然，如果伸缩容器没有足够大的空间来放置伸缩项目，浏览器会根据一定的比例减少伸缩项目的大小，使其不溢出伸缩容器。

综上所述，Flex 布局主要具有以下几点功能。

- 在屏幕和浏览器窗口大小发生改变时，可以灵活地调整布局。
- 控制元素在页面上的布局方向。
- 按照不同于文档对象模型（DOM）所指定的排序方式对屏幕上的元素重新排序。

如何在网页中使用弹性盒模型呢？要开启弹性盒模型，只需要设置拥有盒子的 display 属性值为 flex 即可。

语法

```
display : flex;
```

接下来就用弹性盒模型的方式对示例 1 的代码进行修改，具体如示例 2 所示。

示例 2

```
<!--省略部分代码-->
<div class="box clear">
    <aside>
        <h2>热点新闻</h2>
        <ul>
            <li><a href="#">后院篮球 9 月 3 日于麓山</a></li>
            <li><a href="#">好久不见，恒大外援阿兰代表预备队出战</a></li>
            <!--省略部分代码-->
        </ul>
    </aside>
    <article>
        <p>首页>正文</p>

        <h2>穆帅:我不会被解雇  你们知道曼联要赔我多少钱吗?</h2>

        <p class="time">2018-09-04 07:57:41    来源: 网易体育</p>

        <div>
            <p>
                英超第 4 轮，曼联客场击败伯恩利，穆里尼奥拿到了救命的三分。赛后，压力得
到释放的穆帅很是开心，他与球迷进行了积极的互动，并将手里的夹克送给球迷。而在接受媒体采访的时
候，穆帅表示自己一点都不担心被解雇，他还略带玩笑地说道：“你们知道曼联解雇我得赔多少钱吗？”

            </p>
<!--省略部分代码-->
```

关键的 CSS 代码如下所示。

```
.box {
    display: flex;
    border: 1px solid #000000;
    padding: 10px;
}
aside {
    background: red;
    padding: 10px;
}
article {
    margin-left: 10px;
    background: yellow;
}
```

在宽屏浏览器下的显示效果如图 1.7 所示，在窄屏浏览器下的显示效果如图 1.8 所示。

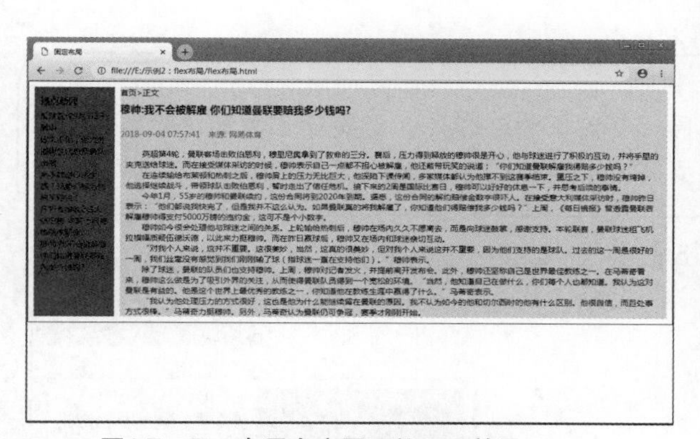

图1.7　Flex布局在宽屏下的显示效果

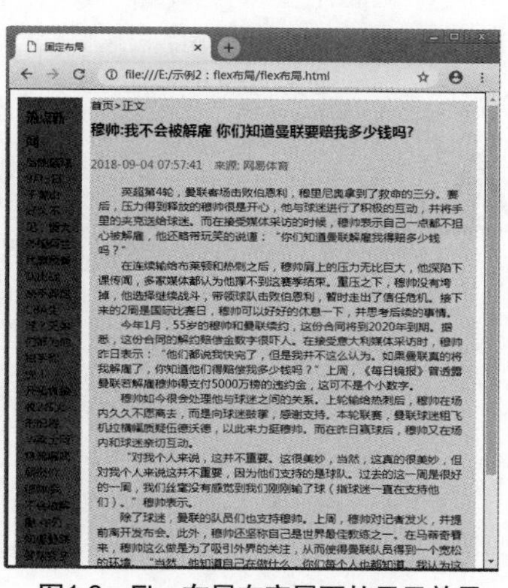

图1.8　Flex布局在窄屏下的显示效果

如图 1.7 和图 1.8 所示，网页中的内容可以实现自动伸缩。从代码中可以发现，在父级盒子中定义了 display 为 flex 就能把类名为 box 的整个大盒子设置为弹性的盒子。相比“浮动+百分比”布局来说，没有对 aside 和 article 两个盒子设置浮动和宽度。但结果是这两个盒子排到了一行，并且这两个盒子的高度是一样的，也避免了左边盒子下面出现一大片空白。

总结弹性盒模型的好处如下。

- 可以让盒子里面的元素排在一行。
- 盒子里面的元素高度相同。

虽然弹性盒模型可以解决网页内容适应浏览器窗口大小自动伸缩的问题，可是依然会发现 aside 和 article 两栏是以最小宽度显示的。那么在弹性盒模型中如何设置每个元素的宽度呢？除此之外还能设置元素的什么属性呢？下面就来学习一下弹性盒模型的其他属性。

（1）伸缩性（flex）

伸缩布局的特性是让伸缩项目可伸缩，也就是让伸缩项目的宽度或高度自动填充伸缩容器额外的空间，这可以用 flex 属性来完成。

下面就通过示例 2 来分析 flex 属性的用法。修改 CSS 代码如下所示。

```
.box {
    display: flex;
    border: 1px solid #000000;
    padding: 10px;
}
aside {
    flex:1;
    background: red;
    padding: 10px;
}
article {
    flex:1;
    margin-left: 10px;
    background: yellow;
}
```

> **注意**
>
> 为了保证 CSS3 部分属性在不同浏览器下的兼容性，需要给元素加前缀。例如：flex:1，要让 IE 浏览器支持，就需要写为-ms-flex:1，其他浏览器同理。

在宽屏浏览器下的显示效果如图 1.9 所示，在窄屏浏览器下的显示效果如图 1.10 所示。

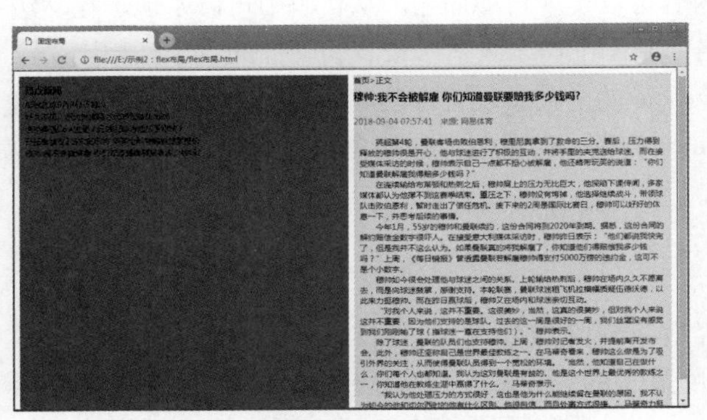

图1.9　flex属性值为1时宽屏下的显示效果

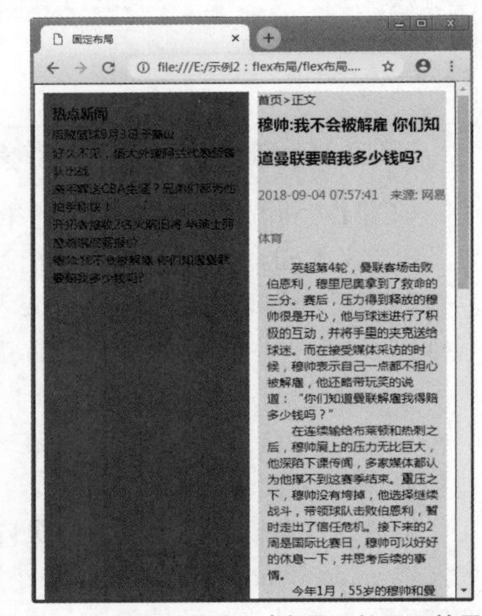

图1.10　flex属性值为1时窄屏下的显示效果

如果把 article 的 flex 修改为 2，具体代码如下所示。

```
article {
    flex:2;
```

```
        margin-left: 10px;
        background: yellow;
    }
```

在宽屏浏览器下的显示效果如图 1.11 所示，在窄屏浏览器下的显示效果如图 1.12 所示。

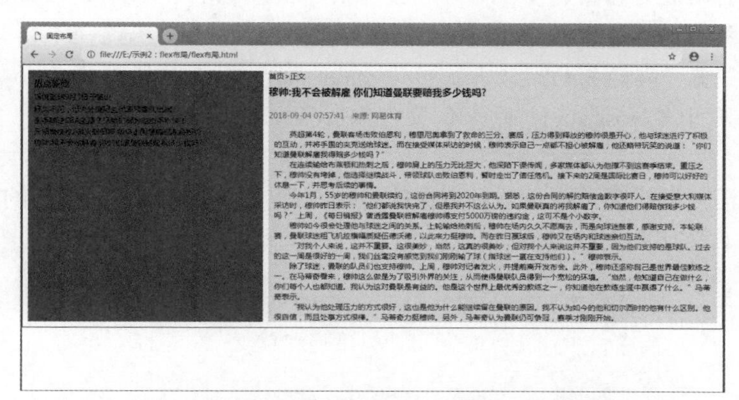

图1.11　article的flex属性值为2时宽屏下的显示效果

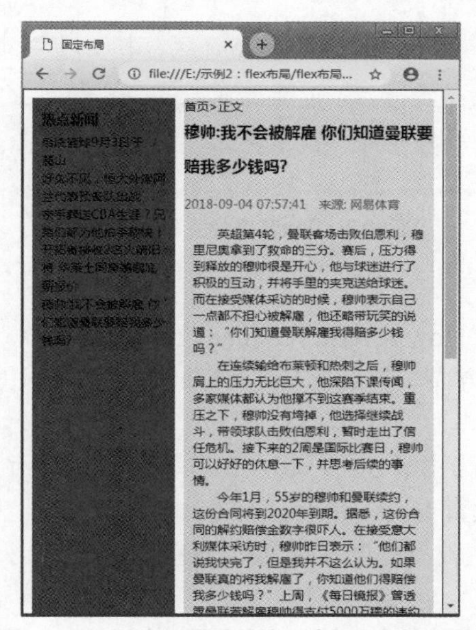

图1.12　article的flex属性值为2时窄屏下的显示效果

从上面的图中可以发现，flex 属性的具体数值并不代表具体的宽度值，而是一个比例值。即在父容器的剩余空间里按比例去分配自己的宽度。aside 和 article 的 flex 如果都是 1，表示宽度比例为 1:1，所以无论浏览器宽度如何都能保持内容宽度以 1:1 显示。article 的 flex 属性值变为 2 后，比例值变为 1:2，也就是说 article 的宽度是 aside 的两倍，且不受浏览器宽度的影响。

（2）伸缩流方向（flex-direction）

flex-direction 属性决定主轴的方向（即项目的排列方向），可以很简单地将多个元素的排列方向从水平方向修改为垂直方向，或者从垂直方向修改为水平方向。

注意

采用 Flex 布局的元素，称为 Flex 容器（flex container），简称“容器”。它的所有子元素自动成为容器成员，称为 Flex 项目（flex item），简称“项目”。容器默认存在两根轴：水平的主轴（main axis）和垂直的交叉轴（cross axis），又叫侧轴。主轴的开始位置（与边框的交叉点）叫作 main start，结束位置叫作 main end；交叉轴的开始位置叫作 cross start，结束位置叫作 cross end。

项目默认沿主轴排列。单个项目占据的主轴空间叫作 main size，占据的交叉轴空间叫作 cross size。具体如图 1.13 所示。

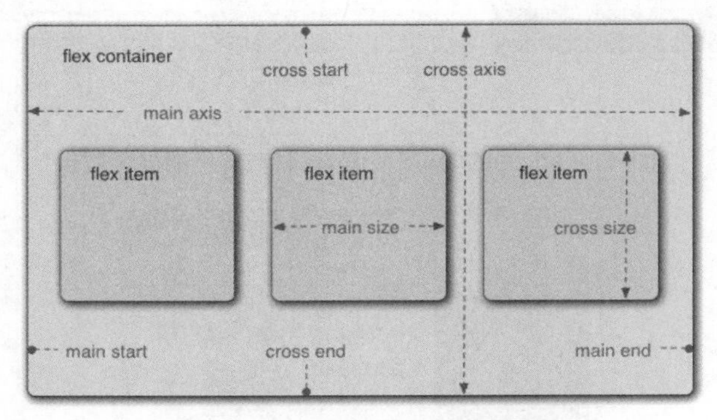

图1.13　flex容器的主轴和交叉轴

语法

- flex-direction：row | row-reverse | column | column-reverse
- row：主轴为水平方向，起点在左端。即网页元素排版方式为从左到右排列（默认值）。
- row-reverse：主轴为水平方向，起点在右端。与 row 相反，元素从右到左排列。
- column：主轴为垂直方向，起点在上端。类似于 row，不过是从上到下排列。
- column-reverse：主轴为垂直方向，起点在下端。类似于 row-reverse，不过是从下到上排列。

其中，row 是默认的排列方式，前面示例显示的都是 row 的排列方式，这里就不再演示了。如果将示例 2 的代码改为 row-reverse 的方式，具体代码如下。

```
.box {
    display: flex;
    flex-direction: row-reverse;        /*与 row 排列相反。元素从右到左排列*/
    border: 1px solid #000000;
    padding: 10px;
}
```

在浏览器中的显示效果如图 1.14 所示。

从图 1.14 中可以发现，设置 flex-direction 属性为 row-reverse 之后，aside 和 article 两列的排列顺序完全颠倒了。

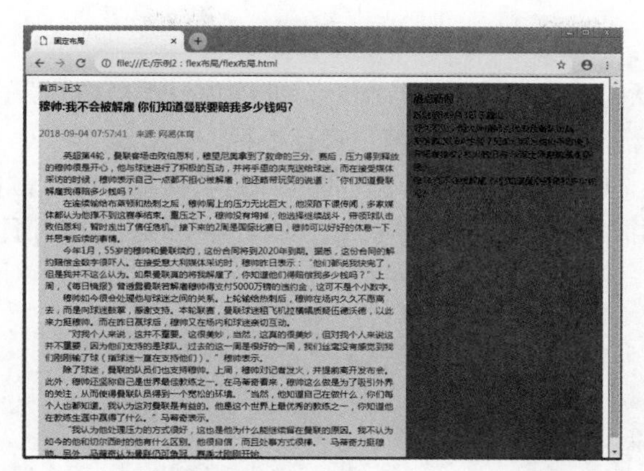

图1.14　flex-direction属性值为row-reverse的显示效果

如果把 flex-direction 的属性设置为 column，具体代码如下所示。

```
.box {
    display: flex;
    flex-direction: column;        /*类似于 row，不过是从上到下排列*/
    border: 1px solid #000000;
    padding: 10px;
}
```

在浏览器中的显示效果如图 1.15 所示。box 盒子里的两栏元素由水平方向显示变为垂直方向显示。

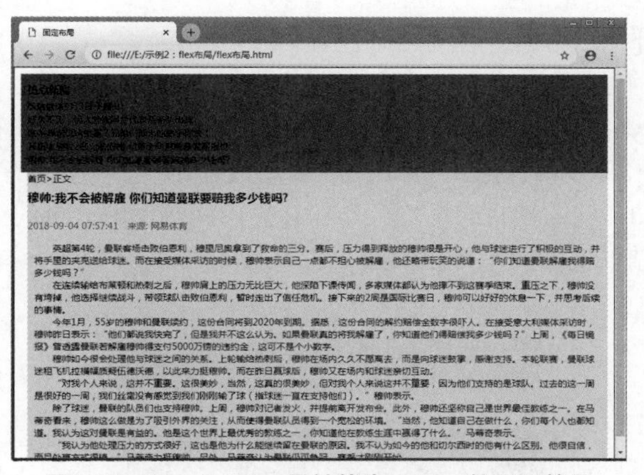

图1.15　flex-direction属性值为column的显示效果

flex-direction 属性设置为 column-reverse，就是把 aside 和 article 两列的排列顺序在垂直方向上完全颠倒，这里就不再演示了。

（3）伸缩换行（flex-wrap）

flex-wrap 属性适用于伸缩容器，也就是伸缩项目的父元素，主要用来定义伸缩容器里是单行显示还是多行显示。侧轴的方向决定了新行堆放的方向。

```
flex-wrap：nowrap | wrap | wrap-reverse
```

具体有三个取值：

- nowrap：默认值。伸缩容器单行显示，伸缩项目不会换行。
- wrap：伸缩容器多行显示，伸缩项目会换行。
- wrap-reverse：伸缩容器多行显示，伸缩项目会换行，并且颠倒行顺序。

前面两个属性都很好理解，而第三个属性 wrap-reverse 会换行且颠倒行顺序，显示效果如图 1.16 所示。

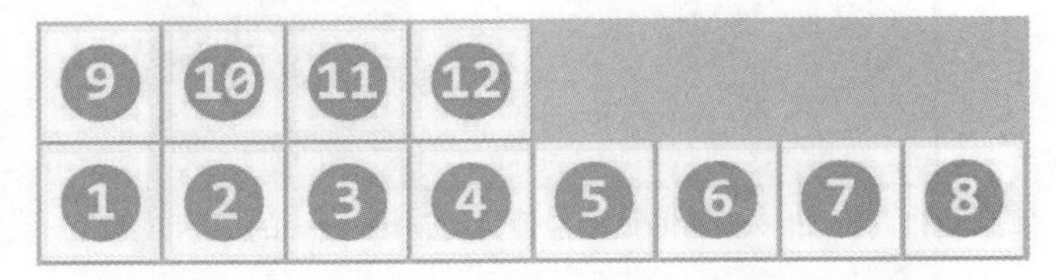

图1.16　flex-wrap属性值为wrap-reverse的显示效果

（4）主轴对齐（justify-content）

justify-content 属性适用于伸缩容器，也就是伸缩项目的父元素，主要用来定义伸缩项目在主轴上的对齐方式。

语法

justify-content: flex-start | flex-end | center | space-between | space-around;

属性值：

- flex-start：伸缩项目向一行的起始位置靠齐。
- flex-end：伸缩项目向一行的结束位置靠齐。
- center：伸缩项目向一行的中间位置靠齐。
- space-between：伸缩项目会平均分布在行里。第一个伸缩项目在一行中的最开始位置，最后一个伸缩项目在一行中的最终点位置。
- space-around：伸缩项目会平均分布在行里，两端保留一半的空间。

上述几种属性值的实际演示效果如图 1.17 所示。

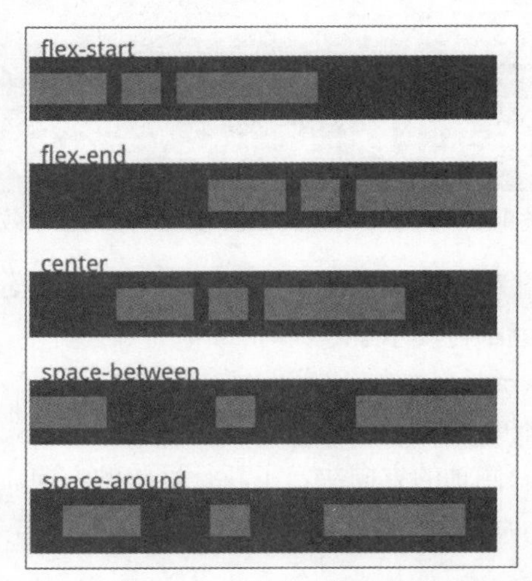

图1.17　justify-content各属性值对伸缩项目的效果

（5）侧轴对齐（align-items）

align-items 属性定义伸缩项目在侧轴上的对齐方式。align-items 与 justify-content 相呼应，可以把它想象成侧轴（垂直于主轴）的 justify-content。

语法

```
align-items: flex-start | flex-end | center | baseline | stretch;
```

- flex-start：伸缩项目在侧轴起点边的外边距紧靠该行侧轴起点边。
- flex-end：伸缩项目在侧轴终点边的外边距紧靠该行侧轴终点边。
- center：伸缩项目的外边距盒在该行的侧轴上居中放置。
- baseline：伸缩项目根据伸缩项目的第一行文字的基线对齐。
- stretch：默认值。伸缩项目拉伸填满整个伸缩容器。

上述几种属性值的实际演示效果如图 1.18 所示。

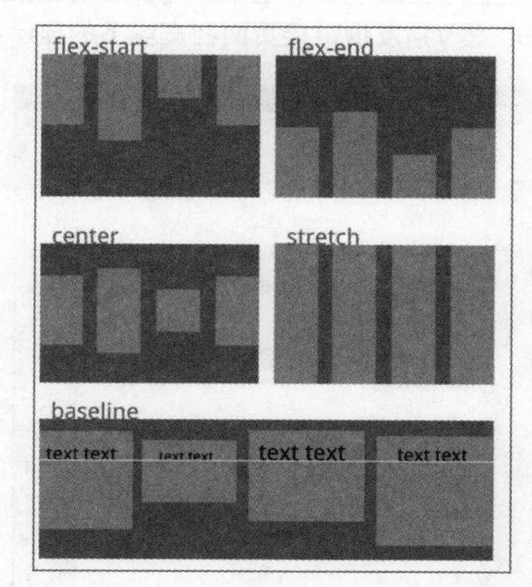

图1.18　align-items各属性值对伸缩项目的效果

相比浮动等布局技术，Flex 布局在处理对齐和间距等问题上具有更强大的能力。

如果使用 Flex 布局模型，只需要将一个容器的 display 属性设置成伸缩容器，接下来就可以使用一系列的新属性来控制伸缩容器内的子元素的排列布局方式。

1.1.3　上机训练

上机练习 1——制作爱 V 猫友情链接页面

制作图 1.19 和图 1.20 所示的爱 V 猫友情链接页面，要求如下。

（1）使用 HTML5 结构元素布局页面结构。

（2）使用弹性盒模型布局网页头部的内容，主轴的对齐方式为 space-between，侧轴的对齐方式为 center。

（3）使用弹性盒模型布局网页主体部分的内容，主轴的对齐方式为 center。左边“公司介绍”模块的伸缩性（flex）为 1，并且它自身也是一个伸缩容器，伸缩流方向（flex-direction）为 column；右边模块的伸缩性（flex）为 4。

（4）主体部分的右侧图片整体模块是一个弹性盒，伸缩换行（flex-wrap）为 wrap，主轴的对齐方式为 flex-start。

（5）使用弹性盒模型布局网页的尾部内容，伸缩流方向（flex-direction）为 column，主轴的对齐方式和侧轴的对齐方式都是 center。

图1.19　爱V猫友情链接页面在宽屏下的显示效果

图1.20　爱V猫友情链接页面在窄屏下的显示效果

任务 2　实现响应式布局

使用小屏幕设备（如平板电脑、智能手机）上网正成为趋势。一个不争的事实是，使用小屏幕设备上网的人数正以前所未有的速度增长。与此同时，27 英寸（68.58cm）和 30 英寸（76.2cm）的大显示器也在快速普及。上网设备之间的尺寸差距与日俱增。

大家可能会觉得弹性布局就可以让网页适应不同浏览器的大小。其实不然，小屏设备上的网页并非把大屏网页压缩就可以完成，在小屏网页上必然会对一些网页内容进行舍弃，一些网页元素的样式也会有所变化，这时候应该怎样去布局呢？接下来学习的响应式网页设计，它能制作出可以适配不同设备的网页。

1.2.1　响应式网页设计

响应式网页设计（Responsive，RWD Web Design）由伊桑・马科特（Ethan Marcotte）提出，他在 *A List Apart* 上发表了一篇开创性的文章，将三种已有的开发技术（弹性布局、弹性图片、媒体和媒体查询）整合起来，并命名为响应式网页设计。这个术语还有一些其他叫法，如流布局、自适应布局、跨设备设计以及弹性设计。

图 1.21 是响应式网页设计的一个很典型的应用，只需写一套网页代码就能适应于不同的终端。不过仔细观察会发现，这个网页在台式机、平板电脑和手机上显示的内容并非一模一样。在屏幕小的设备上只显示网页的主要框架内容。那些装饰性的、可有可无的元素就不再显示。要怎样才能实现这样的效果呢？媒体查询是实现这些效果的最强大的工具，下面就来学习一下媒体查询的相关知识。

图1.21　网页中常见的响应式布局页面

1.2.2　媒体查询

媒体查询是向不同设备提供不同样式的一种不错选择，它为每种类型的用户提供最佳的体验效果。要使用媒体查询来制作网页，首先需要学习三个属性：媒体类型、媒体特性、关键词。先了解一下媒体类型有哪些？

1. 媒体类型

媒体类型（Media Type）在 CSS3 中是一个常见的属性，也是一个非常有用的属性，可以通过媒体类型对不同的设备指定不同的样式。

在 CSS3 中常遇到的媒体类型有 All（全部）、Screen（屏幕）、Print（页面打印或打印预览模式）三种。W3C 共列出 10 种媒体类型，如表 1-1 所示。

表 1-1　媒体类型

值	设备类型
All	所有设备
Braille	盲人用触觉回馈设备
Embossed	盲人打印机
Handheld	便携设备
Print	打印用纸或打印预览视图
Projection	各种投影设备
Screen	计算机显示器
Speech	语音或音频合成器
Tv	电视机类设备
Tty	使用固定密度字母栅格的媒介，比如电传打字机和终端

企业中最常用的媒体类型就是Screen、All、Print三种。媒体类型的常用引入方式有两种。

（1）@media方式

@media是CSS3中新引入的一个特性，称为媒体查询。

```
@media 媒体类型{
    选择器{ /*样式代码写在这里…*/}
}
```

（2）link方法

link方法就是在<link/>标签引用样式的时候，通过link标签中的media属性来指定不同的媒体类型。

```
<link  rel="stylesheet"  href="style1.css"  media="媒体类型"/>
```

说明

除了@media和link外，还可以使用@import、xml等方式来引入媒体类型，但这两种方式在企业中使用得不多，所以就不再讲解，感兴趣的读者可以查阅相关的文档了解。

2. 媒体特性

媒体特性（Media Query）是CSS3对媒体类型（Media Type）的增强，可以将Media Query看成是“Media Type（判断条件）+ CSS（符合条件的样式规则）”。

W3C共列出13种CSS3中常用的媒体特性，常用的如表1-2所示。

表1-2 常用的媒体特性

属　性	值	Min/Max	描　述
device-width	Length	Yes	设置屏幕的输出宽度
device-height	Length	Yes	设置屏幕的输出高度
width	Length	Yes	渲染界面的宽度
height	Length	Yes	渲染界面的高度
orientation	Portrait/landscape	No	横屏或竖屏
resolution	分辨率（dpi/dpcm）	Yes	分辨率
color	整数	Yes	每种色彩的字节数
color-index	整数	Yes	色彩表中的色彩数

注意

到目前为止，CSS3媒体特性得到了众多浏览器的支持，除了IE6~IE8浏览器之外。还有一点与众不同的是，媒体特性不需要像其他CSS3属性那样在不同的浏览器中使用时添加前缀。

媒体特性能在不同的条件下使用不同的样式，使页面在不同终端设备下达到不同的渲染效果。

语法

@media　媒体类型　and　（媒体特性）{ CSS 样式 }

使用媒体特性时必须要使用@media 开头，然后指定媒体类型，最后指定媒体特性。媒体特性的书写方式和样式的书写方式非常相似，例如：

```
(max-width:520px
```

从表 1-1 和表 1-2 中了解了常用的媒体类型和媒体特性，将它们组合就构成了不同的 CSS 集合。但与 CSS 属性不同的是，媒体特性是通过 min/max 来表示大于、等于或小于等逻辑判断，而不是只用小于（<）和大于（>）这样的符号来判断。

3. 关键词

媒体特性有的时候不只一条，当出现多个条件并存时就需要通过关键词连接。

（1）and 关键词，表示同时满足这两者时生效。如：

```
@media sreen and(max-width:1200px) {样式代码…}
```

表示样式代码将被使用在计算机显示器和屏幕小于 1200px 的所有设备中。

（2）only 关键词，用来指定某种特定的媒体类型，可以用来排除不支持媒体查询的浏览器。only 很多时候用来对不支持媒体特性却支持媒体类型的设备隐藏样式表。例如，IE8 能成功解读媒体类型，却无法解读 and 后面的媒体特性语句，就会连带媒体类型一起忽略，为了让不识别媒体特性的浏览器依然能够识别媒体类型，可以使用 only 关键字。如：

```
<link  rel="stylesheet"  href="style1.css"  media="only screen and(max-width:500px)"/>
```

（3）not 关键词，用来排除某种指定的媒体类型，也就是排除符合表达式的设备。换句话说，not 关键词表示对后面的表达式执行取反操作。如：

```
@media  not  print and(max-width:1200px){样式代码…}
```

表示样式代码将被使用在除打印机设备和屏幕小于 1200px 的所有设备中。

4. 媒体查询的使用

在使用媒体查询制作网页的时候有些地方需要注意一下。

（1）遇到冲突时的机制

```
<link rel="stylesheet" href="styleA.css" media="screen and (min-width: 800px)">
<link rel="stylesheet" href="styleB.css" media="screen and (min-width: 600px) and (max-width: 800px)">
<link rel="stylesheet" href="styleC.css" media="screen and (max-width: 600px)">
```

上面的代码将设备分成三种，分别是计算机的屏幕宽度大于 800px 时，应用样式 styleA，宽度在 600px 到 800px 之间时应用样式 styleB，宽度小于 600px 时应用样式 styleC。若宽度正好等于 800px 该应用哪个样式呢？是样式 styleB。因为前两条表达式都成立，按照 CSS 的默认优先级规则，后者覆盖了前者。

因此，为了避免产生冲突，这个例子正常情况下应该这样写：

```
<link rel="stylesheet" href="styleA.css" media="screen">
<link rel="stylesheet" href="styleB.css" media="screen and (max-width: 800px)">
<link rel="stylesheet" href="styleC.css" media="screen and (max-width: 600px)">
```

（2）设置主要断点

主要断点简单的理解就是设备宽度的临界点。在媒体特性中，min-width 和 max-width 对应的属性值就是响应式设计中的断点值。使用主要断点创建媒体查询的条件，每个断点会对应调用一个样式文件（或者样式代码）。

常见的断点值有 320px、480px、640px、768px、1024px 等。

了解了关于媒体查询的三个属性后，下面来制作一个简单的响应式网页。具体如示例 3 所示。

示例 3

```
<!--省略部分 HTML 代码-->
<div class="box">
    <h2>热门活动<strong>更多</strong></h2>
    <ul class="list">
        <li>
            <img src="image/img1.png" alt=""/>
            <p>推荐活动 | 原创音乐现金榜 T 榜</p>
        </li>
        <li>
            <img src="image/img2.png" alt=""/>
            <p>推荐节目|《TAImusic》爆笑来袭</p>
        </li>
        <!--省略部分 HTML 代码-->
    </ul>
</div>
```

CSS 关键代码如下。

```
/*大于 1024px */
@media all and (min-width:1024px){
    .box{
        width: 1024px;
        padding: 30px;
        margin: 10px auto 0;
        background: red;
    }
    h2{ font-size: 28px;   }
    h2 strong{
        font-size: 14px;
        color: #5b666b;
        float: right;
        margin-right: 30px;
    }
    .list{
        margin-top: 30px;
        display: flex;
        justify-content: space-around;
```

```
        }
        .list li img{ width: 90%;   }
        .list li p{ font-size: 12px;   }
}
/*640px 到 1023px 之间 */
@media all and (min-width:640px) and (max-width:1023px){
        .box{
                width: 640px;
                padding: 24px;
                margin: 10px auto 0;
                background: pink;
                display: flex;
                flex-direction: column;
        }
        h2{ font-size: 20px;    }
        h2 strong{
                font-size: 16px;
                color: #5b666b;
                float: right;
                margin-right: 24px;
        }
        .list{
                margin-top: 30px;
                display: flex;
                flex-wrap: wrap;
        }
        .list li img{   width: 90%;   }
        .list li p{ font-size: 14px; }
}
/*320px 到 639px 之间 */
@media all and (min-width:320px) and (max-width:639px)
        .box{
                width: 320px;
                padding: 20px;
                margin: 10px auto 0;
                background: yellow;
                display: flex;
                flex-direction: column;
        }
        h2{   font-size: 22px;   }
        h2 strong{
                font-size: 18px;
                color: #5b666b;
                float: right;
                margin-right: 20px;
```

```
        }
        .list{
            margin-top: 30px;
            display: flex;
            flex-wrap: wrap;
            justify-content: center;
        }
        .list li img{ width: 100%;   }
        .list li p{ font-size: 16px; }
    }

}
```

浏览器宽度大于 1024 px 时的显示效果如图 1.22 所示。

图1.22　浏览器宽度大于1024 px时的显示效果

浏览器宽度在 640 px 到 1023 px 之间时的显示效果如图 1.23 所示。
浏览器宽度在 320 px 到 639 px 之间时的显示效果如图 1.24 所示。

图1.23　浏览器宽度在640 px到1023 px之间时的显示效果

图1.24　浏览器宽度在320 px到639 px之间时的显示效果

注意

设置弹性图片的方法：img{max-width:100%;}。

这样就能使图片自动缩放到与其容器 100%匹配。不过要提醒大家注意：在很高分辨率下需要图片本身足够大，才能防止图片失真。

1.2.3　上机训练

上机练习 2——制作响应式滑动菜单

制作图 1.25 至图 1.28 所示的响应式菜单，要求如下。

（1）使用无序列表布局页面结构。

（2）浏览器宽度大于 800px 时，菜单排列如图 1.25 所示，图片周围有一圈阴影。鼠标移入时阴影由大变小，最后变为图上所示的样子，且每个菜单项的高度发生变化（使用 CSS3 过渡来实现动画效果）。

（3）浏览器宽度在 520px 到 798px 之间，菜单排列如图 1.26 所示，鼠标移入每个菜单时透明度增加。

（4）浏览器宽度小于 519px 时，菜单排列如图 1.27 和图 1.28 所示。菜单消失，出现一个缩略按钮，单击该按钮菜单出现，排列如图 1.28 所示，鼠标移入每个菜单时透明度增加。

图1.25　浏览器宽度大于800px时的显示效果

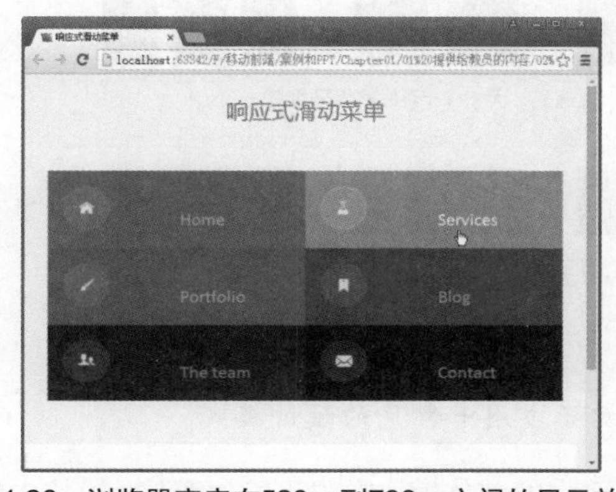

图1.26　浏览器宽度在520px到798px之间的显示效果

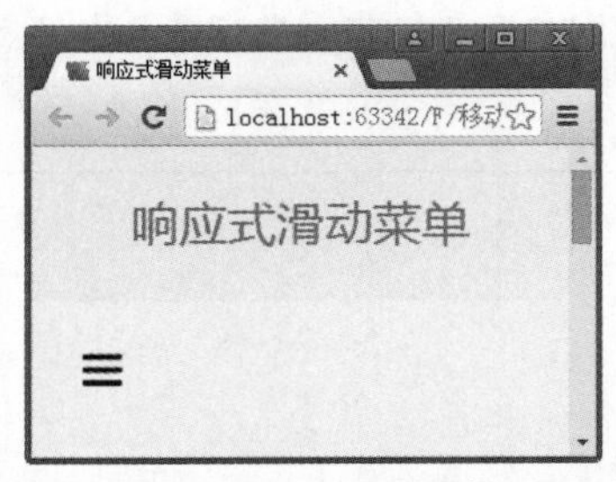

图1.27　浏览器宽度小于519px时的显示效果

图1.28　浏览器宽度小于519px时单击按钮的显示效果

1.2.4　响应式布局的应用

前面学习的 Flex 弹性布局、媒体查询等知识都是实现响应式布局必不可少的技术手段，接下来总结一下响应式布局的实现方式以及实际应用中的常见设计模式。

1. 响应式布局设计的实现方式

- 可切换的固定布局：以像素作为页面单位，参考主流设备尺寸，设计几套不同宽度的布局。根据屏幕尺寸或浏览器宽度，选择最适合的那套宽度布局。
- 弹性布局：设置 Flex（伸缩性），可以适应一定范围内所有尺寸的设备屏幕及浏览器宽度，并能完美利用有效空间展现最佳效果。
- 混合布局：同弹性布局类似，可以适应一定范围内所有尺寸的设备屏幕及浏览器宽度，并能完美利用有效空间展现最佳效果；只是混合了像素和百分比或 Flex 两种方式进行布局。

弹性布局、混合布局都是目前可采用的响应式布局方式，只是对于不同类型的页面排版布局，需要采用不用的实现方式。通栏、等分结构适合采用弹性布局方式，而非等分的多栏结构可以采用混合布局方式，见图 1.29。

图1.29　不同页面采用不同的布局方式

2. 响应式布局在实际应用中常见的设计模式

- 布局不变，即页面中的整体模块布局不发生变化，模块中的内容挤压一拉伸、换行一平铺、删减一增加，如图 1.30 至图 1.32 所示。

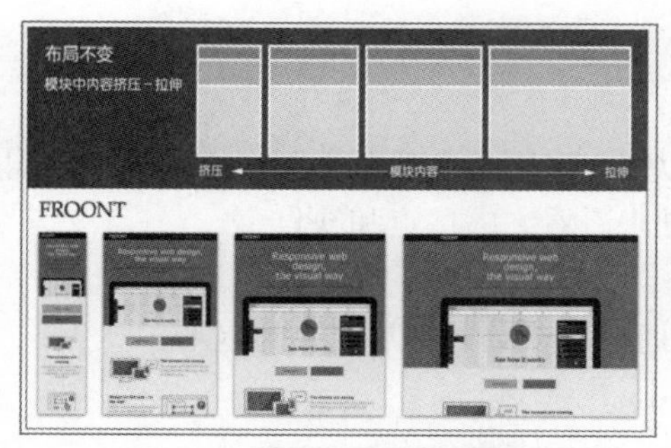

图1.30　布局不变，内容挤压

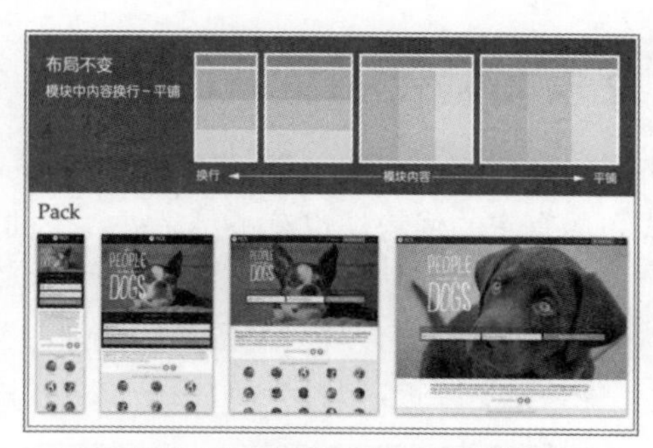

图1.31　布局不变，内容换行

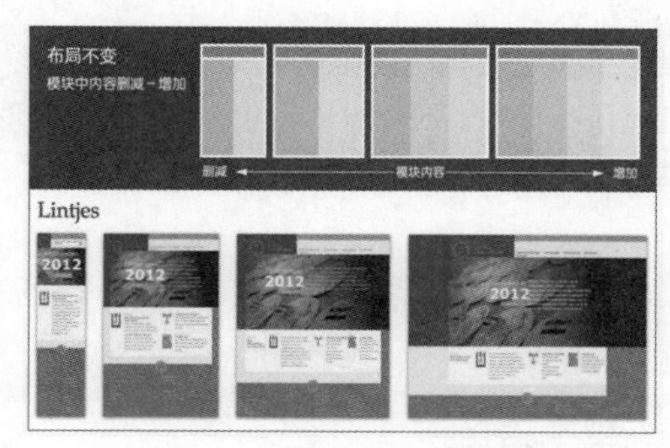

图1.32　布局不变，内容增减

➢ 布局改变，即页面中的整体模块布局发生变化，主要有：模块位置变换，模块展示方式改变：隐藏－展开，模块数量改变：删减－增加，如图 1.33 至图 1.35 所示。

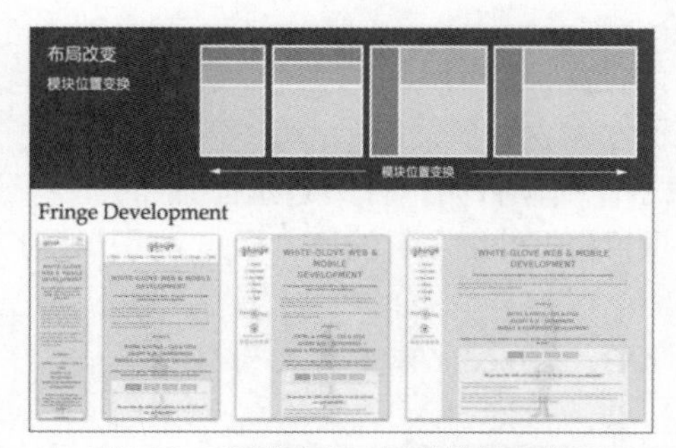

图1.33　布局改变，模块位置变换

图1.34　布局改变，模块展示方式改变

图1.35　布局改变，模块数量改变

1.2.5 响应式布局的优缺点

通过前面的介绍知道，使用响应式布局可以用一套页面来适配不同的终端，不过响应式布局有它的优势，也有不足之处。下面就分别来看看它的优点和缺点。

优点：

- 面对不同分辨率设备灵活性强，能够快捷解决多设备显示兼容问题。
- 更少维护，开发一个网站，可多终端使用。

缺点：

- 兼容各种设备工作量大。
- 代码累赘，隐藏无用的元素会导致加载时间长。

响应式布局有优点也有缺点，需要结合实际的使用场景来合理地应用它。同时也需要读者多动手做练习，增加对知识点掌握的熟练度。

本章作业

一、选择题

1．下列不属于弹性盒模型属性的是（　　）。

A．flex　　B．flex-direction　　C．justify-content　　D．center

2．下列属于弹性盒模型的主轴对齐方式的是（　　）。

A．space-between　　B．row-reverse　　C．flex　　D．nowrap

3．下面说法正确的是（　　）。（选两项）

A．flex-direction 属性可以设置伸缩项目的伸缩流方向

B．flex-wrap 属性值为 wrap-reverse，表示伸缩容器多行显示，伸缩项目会换行

C．justify-content 属性值为 flex-start，表示伸缩项目向一行的起始位置靠齐

D．align-items 属性值为 stretch，表示伸缩项目根据伸缩项目的第一行文字的基线对齐

4．下列不属于引入媒体查询方式的是（　　）。

A．link 引入　　B．@media 方式引入

C．@import 方式引入　　D．style 引入

5．<link rel="stylesheet" href="style.css" media="all and (min-width: 600px) and (max-width: 800px)">，上述代码含义表述正确的是（　　）。

A．适配所有设备，并且屏幕宽度小于 600px，大于 800px 时应用样式 style

B．适配所有设备，并且屏幕宽度小于 600px 时应用样式 style

C．适配所有设备，并且屏幕宽度在 600px 到 800px 之间时应用样式 style

D．适配所有设备，并且屏幕宽度大于 800px 时应用样式 style

二、简答题

1．Flex 弹性布局有什么作用？常用的 Flex 属性有哪些？

2．媒体查询有几种属性，分别是什么？如何引入？

作业答案

第 2 章

初识 Bootstrap

本章任务

任务 1：认识 Bootstrap
任务 2：使用 Bootstrap 栅格系统进行页面布局
任务 3：使用 Bootstrap CSS 全局样式

技能目标

❖ 掌握使用 Bootstrap 栅格系统进行页面布局
❖ 熟练使用 CSS 全局样式

本章知识梳理

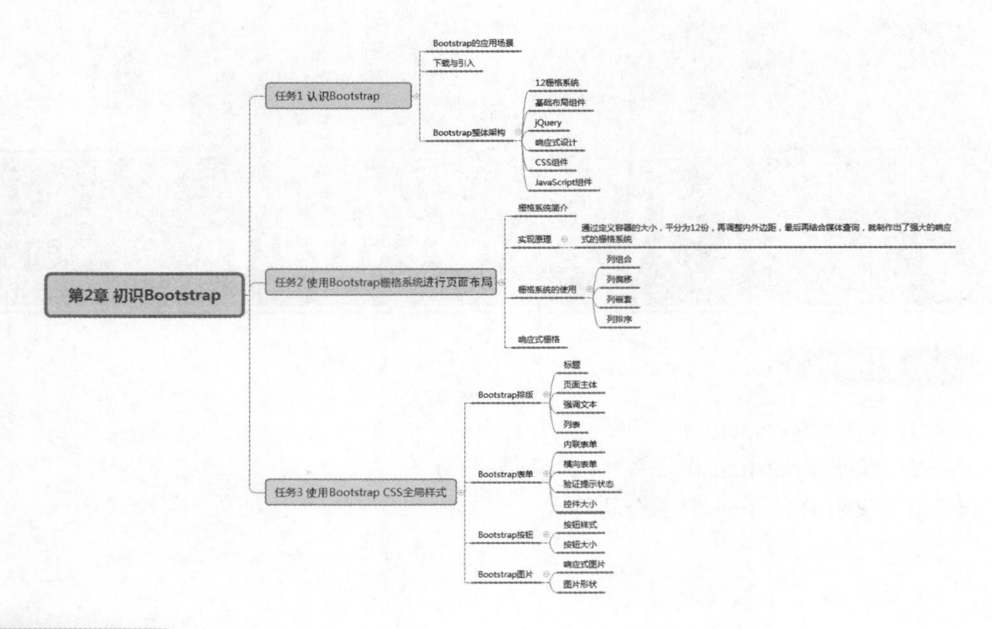

本章简介

在前面已经学习了如何使用 Flex 弹性布局、媒体查询等制作响应式网页来适配各种终端设备。从本章开始讲解前端框架——Bootstrap，它可以快速地开发响应式页面，还可以专门针对 PC 端或移动端快速开发，大大提高了开发效率。

本章主要讲解 Bootstrap 的整体架构、使用 Bootstrap 必须要引入的基本文件和 html 标准模板、使用栅格系统布局网页结构、掌握 Bootstrap 里的 CSS 全局样式。为后续学习 CSS 组件和 JavaScript 插件服务，也为快速开发组件化网页做好铺垫。

预习作业

简答题

（1）什么是栅格系统？

（2）可以作为按钮使用的标签或元素？

任务 1 认识 Bootstrap

2.1.1 Bootstrap 概述

Bootstrap 来自 Twitter，是目前流行的前端框架。它是基于 HTML、CSS、JavaScript 的一个简洁、灵活的开源框架。

1. 为什么要使用 Bootstrap

在前面已经学习过制作响应式网页来适配各种终端，不过通过媒体查询，针对要适配的每种终端都得设置相应的样式甚至是改变网页结构，开发和维护起来很麻烦。

而 Bootstrap 库中包含很多现成的带有各种样式和功能的代码片段。这些代码可以为网站增加更多活力，Web 开发者不必再花费时间、精力去编码，只需要找到合适的代码，插入到合适的位置即可。最主要的是这些代码片段已经过封装，可以适用于不同的终端设备，无论是在 PC 浏览器中还是 iPad、手机上，都能很好地浏览网页。

Bootstrap 框架里的一些效果是使用 HTML5 和 CSS3 开发的，而 CSS3 有些属性是有兼容性要求的。Twitter 当初开发该工具时，就考虑到了浏览器间表现不一致的情况，所以 Bootstrap 对此做了兼容处理，保证了界面在不同平台上的一致性。在 IE、Chrome、Firefox 等浏览器中都可以看到统一的界面。

目前使用较广的是 Bootstrap 版本 2 和 3，本书使用版本 3。因为从版本 3 开始，Bootstrap 引入"移动先行"的思想，能使用它快速地开发移动项目。在 Bootstrap 3 中重写了整个框架，使其一开始就是对移动设备友好的。并不是简单地增加一些可选的针对移动设备的样式，而是直接融合进了框架的内核中。

2. Bootstrap 使用场景

Bootstrap 是最受欢迎的 HTML、CSS 和 JavaScript 框架，用于开发响应式布局、移动设备优先的 Web 项目。这也是 Bootstrap 的核心理念，从中可以看出 Bootstrap 的使用场景是制作适配各种终端的响应式页面和移动设备项目。

实际上 Bootstrap 是个"万能"的框架。为什么这么说呢？因为不只在上面的两种场景下才能使用，由于 Bootstrap 集成了 CSS 样式和 JavaScript 交互特效，所以只要是有网页的地方都可以使用它。

2.1.2 Bootstrap 使用方法

了解了 Bootstrap 之后，下面来看一下如何使用 Bootstrap 进行开发。

1. Bootstrap 下载与文件结构

Bootstrap 在使用之前需要先下载它的文件，可以登录官网下载 Bootstrap 框架的文件和源码。单击 Download Bootstrap 按钮，跳转到下载页面，可以看到三个下载按钮，如图 2.1 所示。

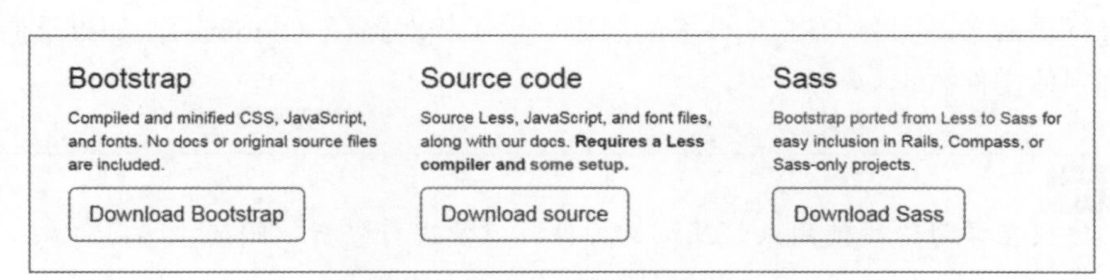

图2.1　Bootstrap下载页面

➢ Download Bootstrap。从该链接下载的内容是编译后可以直接使用的文件。默认情况下，下载后的文件分两种：一种是未经压缩的文件 bootstrap.css，一种是经过压缩处理的文件 bootstrap.min.css。一般网站正式运行的时候使用压缩过的 min 文件以节约网站传输流量；而在进行开发调试的时候往往使用原始的、未经压缩的文件，以便进行调试跟踪，就像 jQuery 的使用方式一样。
➢ Download source。从该链接下载的是用于编译 CSS 的 Less 源码，以及各个插件的 JS 源码文件。默认情况下，本书将基于未压缩的 bootstrap.css 和 bootstrap.js 文件进行分析使用，不会涉及与 Less 相关的内容。
➢ Download Sass。从该链接下载的是用于编译 CSS 的 Sass 源码，以及各个插件的 JS 源码文件。默认情况下，本书也不会涉及与 Sass 相关的内容。

提示

Less 和 Sass 都是基于 CSS 之上的高级语言，其目的是使得 CSS 开发更灵活、更强大。这部分内容在本书中不涉及，感兴趣的读者可以自行查阅资料学习。

需要单击 Download Bootstrap 下载相关的 Bootstrap 文件。解压后可以看到如图 2.2 所示的文件夹和文件。

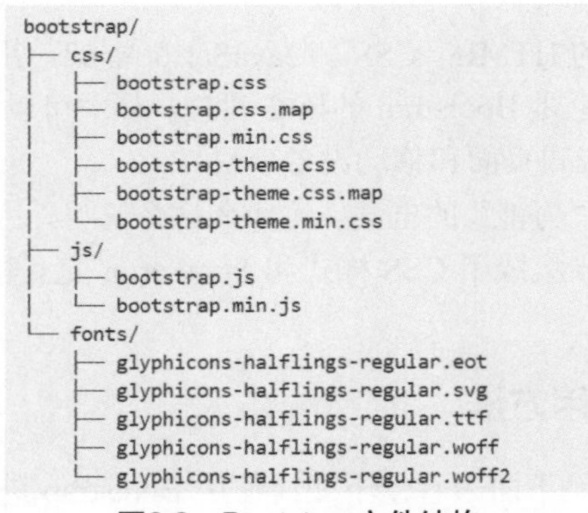

bootstrap/
├── css/
│   ├── bootstrap.css
│   ├── bootstrap.css.map
│   ├── bootstrap.min.css
│   ├── bootstrap-theme.css
│   ├── bootstrap-theme.css.map
│   └── bootstrap-theme.min.css
├── js/
│   ├── bootstrap.js
│   └── bootstrap.min.js
└── fonts/
    ├── glyphicons-halflings-regular.eot
    ├── glyphicons-halflings-regular.svg
    ├── glyphicons-halflings-regular.ttf
    ├── glyphicons-halflings-regular.woff
    └── glyphicons-halflings-regular.woff2

图2.2　Bootstrap文件结构

从图 2.2 中可以看到，bootstrap.min.css 和 bootstrap.min.js 是压缩后的文件，用于生产环境，而普通的 bootstrap.css 和 bootstrap.js 文件用于开发环境进行调试、分析，可以将该目录结构直接拖曳到 Web 项目中使用。

可以根据自己的程序结构，对上述的 css、js 文件夹名称进行重命名，但是不能对 fonts 文件夹进行重命名，因为 CSS 文件里的源码使用了相对路径（../fonts/），如果重命名，将读取不到字体文件。

提示

建议在学习阶段使用未经压缩的文件，以便进行分析、阅读、学习。

2. 引入

已经下载的 Bootstrap 框架文件在实际项目中如何引用呢？如示例 1 所示，这是使用 Bootstrap 框架的最基本的 HTML 代码，可以在此基础上进行自己的扩展，只需要确保文件引用顺序一致即可。

示例 1

```
<!DOCTYPE html>
<html>
<head lang="en">
    <meta charset="utf-8">
    <meta http-equiv="X-UA-Compatible" content="IE=edge">
    <meta name="viewport" content="width=device-width, user-scalable=no, initial-scale=1.0, maximum-
        scale=1.0, minimum-scale=1.0"/>
    <title>Bootstrap  基本模板</title>
    <!—Bootstrap 的 css 文件  -->
    <link href="css/bootstrap.css" rel="stylesheet">
    <!--  以下 2 个插件是用于在 IE8 支持 HTML5 元素和媒体查询的，如果不用可以删除-->
    <!--  注意：Respond.js 不支持 file://方式访问-->
    <!--[if lt IE 9]>
    <script src="https://oss.maxcdn.com/html5shiv/3.7.2/html5shiv.min.js"></script>
    <script src="//https://oss.maxcdn.com/respond.js/1.4.2/respond.min.js"></script>
    <![endif]-->
</head>
<body>
    <h1>这是一个 Bootstrap 框架的最基本 HTML 模板</h1>
    <!--  如果要使用 Bootstrap 的 JS 插件，必须引入 jQuery -->
    <script src="js/jquery-1.12.4.js"></script>
    <!-- Bootstrap 的 JS 插件-->
    <script src="js/bootstrap.js"></script>
</body>
</html>
```

由上述模板代码可以看出，3.x 比起 2.x 来说，一个很大的区别就是多了下面这行代码：

```
<meta name="viewport" content="width=device-width, user-scalable=no, initial-scale=1.0, maximum-scale
=1.0, minimum-scale=1.0"/>
```

这就是前面提到的，Bootstrap 从 3.0 版本开始全面支持移动平台，并贯彻“移动先行”（Mobile First）的宗旨。上述代码的意思是，在默认情况下，UI 布局的宽度和移动设备的宽度一致，缩放大小为原始大小，强制让文档的宽度与设备的宽度保持 1:1，文档的最大宽度比例是 1 且不允许用户单击屏幕放大浏览器。

尤其要注意的是，content 里多个属性值的设置一定要用逗号和空格分隔开，如果不规范将不起作用。现在只要明白它是用来更好地支持移动设备的代码，后面章节会详细进行讲解。

本书中使用的是 3.x 版本，是在 2.x 版本的基础上开发的，至于 2.x 的用法本书不会涉及，感兴趣的读者可以去查阅相关文档自行了解。

2.1.3 Bootstrap 整体结构

大多数使用者都认为 Bootstrap 只提供了 CSS 组件和 JavaScript 插件，其实 CSS 组件和 JavaScript 插件只是 Bootstrap 框架的表现形式而已，它们都是构建在基础平台之上的。下面来看看整体架构图，如图 2.3 所示。

图2.3 Bootstrap整体架构图

图 2.3 共分为六大部分，除了 CSS 组件和 JavaScript 插件外，另外四部分都是基础支撑平台，下面一一进行介绍。

1. 12 栅格系统

要理解 12 栅格系统，首先要知道什么是栅格系统。栅格是以规则的网格列阵来指导和规范网页中的版面布局以及信息分布的。

Bootstrap 的 12 栅格系统就是把网页的总宽度平分为 12 份，开发人员可以自由地按份组合，以开发出简洁方便的程序。此外，Bootstrap 提供了更为灵活的栅格系统，即栅格系统所使用的总宽度可以不固定，针对一个 div 元素也可以使用 12 等分的栅格，因为 Bootstrap 是按照百分比进行 12 等分的。

12 栅格系统是整个 Bootstrap 的核心功能，也是响应式设计核心理念的一个实现形式。

2. 基础布局组件

在 12 栅格系统的基础上，Bootstrap 提供了多种基础布局组件，比如排版、代码、表单按钮等。这些基础布局组件可以随意应用在页面的任何元素上，包括顶部的 CSS 组件内部也可以使用。在有的地方也称其为 CSS 全局样式，其实表示的是相同的内容。

3. jQuery

Bootstrap 中所有的 JavaScript 插件都依赖于 jQuery1.10+，如果要使用这些插件，就必须要用到 jQuery 库。如果只使用 CSS 组件，就用不到 jQuery 库。

4. 响应式设计

页面的设计开发应当根据用户行为以及设备环境（系统平台、屏幕尺寸、屏幕定向等）进行相应的响应和调整。具体的实践方式由多方面决定，包括弹性网格和布局、图片、CSS 媒体查询的使用等。无论用户是使用笔记本电脑还是 iPad，页面都应该能够自动切换分辨率、图片尺寸及相应脚本功能等，以适应不同设备。

响应式设计是一个理念，Bootstrap 的所有内容都是以响应式设计为设计理念来实现的。

5. CSS 组件

在最新的 Bootstrap 3.x 版本里提供了 20 种 CSS 组件，分别是下拉菜单（Dropdown）、按钮组（Button group）、按钮下拉菜单（Button dropdown）、导航（Nav）、导航条（Navbar）、面包屑导航（Breadcrumb）、分页导航（Pagination）、标签（Label）、徽章（Badge）、排版（Typography）、缩略图（Thumbnail）、警告框（Alert）、进度条（Progress bar）、媒体对象（Media object）等。

6. JavaScript 插件

JavaScript 插件有 12 种，包括过渡效果（transition）、模态框（modal）、下拉菜单（dropdown）、滚动监听（scrollspy）、弹出框（popover）、按钮（button）等。

接下来就一一讲解如何使用 Bootstrap 进行网页制作。

任务 2　使用 Bootstrap 栅格系统进行页面布局

2.2.1　栅格系统简介

Bootstrap 提供了一套响应式、移动设备先行的流式栅格系统，随着屏幕或视口尺寸的增加，系统会自动分为 12 列。

栅格系统是通过一系列的行（row）与列（column）的组合来创建页面的布局，设置的内容可以放在这个创建好的布局中。下面介绍一下 Bootstrap 栅格系统的工作原理。

2.2.2　实现原理

栅格系统的实现原理非常简单，仅仅是通过定义容器的大小，平分为 12 份，再调整内外边距，最后结合媒体查询，就能制作出强大的响应式的栅格系统。

栅格系统的主要工作原理如下：

➢ 一行数据（row）必须包含在.container（固定宽度）或.container-fluid（100%宽度）

中，以便为其赋予合适的对齐方式和内边距（padding）。

➢ 使用行（row）在水平方向创建一组列（column）。

➢ 具体内容应当放置于列（column）内，而且只有列（column）可以作为行（row）的直接子元素。

➢ 内置一大堆样式，可以使用像.row 和.col-xs-4（占 4 列宽度）这样的样式来快速创建栅格布局。

➢ 通过设置 padding 从而创建列（column）之间的间隙。然后为第一列和最后一列设置负值的 margin 从而抵消掉 padding 的影响。

栅格系统

➢ 栅格系统中的列是通过指定 1～12 的值来表示其跨越范围。

现在已经知道了栅格系统是如何工作的，可是怎样在实际案例中使用呢？下面就来介绍如何使用栅格系统。

2.2.3 栅格系统的使用

说到栅格系统的用法，其实就是列的各种组合。在基本用法里有四种特性：列组合、列偏移、列嵌套、列排序。由于不同的屏幕尺寸使用不同的样式，这里以中等屏幕（md）为例进行介绍，其他的屏幕用法类似，后面会进行讲解。

1．列组合

列组合就是通过更改数字来合并列，类似表格里的 colspan。不过使用起来非常简单。在示例 1 的基本模板的 body 标签里就可以使用相关的栅格内容。具体如示例 2 所示。

示例 2

```
<body>
<div class="container">
    <div class="row">
        <div class="col-md-1">col-md-1</div>
          <!—由于这 12 个 div 都一样，所以这里省略了其他 10 个-->
        <div class="col-md-1">col-md-1</div>
    </div>
    <div class="row">
        <div class="col-md-4">col-md-4</div>
        <div class="col-md-8">col-md-8</div>
    </div>
    <div class="row">
        <div class="col-md-4">col-md-4</div>
        <div class="col-md-4">col-md-4</div>
        <div class="col-md-4">col-md-4</div>
    </div>
</div>
```

在浏览器中运行上述代码，可以看到如图 2.4 所示的效果。

图2.4　12栅格列组合的使用

列组合的实现方式很简单，只涉及两个 CSS 特性：左浮动和百分比。下面来看一下源码中是如何设置的。

```
.col-md-1, .col-md-2, .col-md-3, .col-md-4, .col-md-5, .col-md-6,
.col-md-7, .col-md-8, .col-md-9, .col-md-10, .col-md-11, .col-md-12 {
    float: left;        /*确保 12 列都是左浮动*/
}
/*定义每个组合的宽度百分比*/
.col-md-12 {width: 100%;}
.col-md-11 {width: 91.66666667%;}
.col-md-10 {width: 83.33333333%;}
.col-md-9 {width: 75%;}
.col-md-8 {width: 66.66666667%;}
.col-md-7 {width: 58.33333333%;}
.col-md-6 {width: 50%; }
.col-md-5 {width: 41.66666667%;}
.col-md-4 {width: 33.33333333%;}
.col-md-3 {width: 25%;}
.col-md-2 {width: 16.66666667%;}
.col-md-1 {width: 8.33333333%;}
```

在使用栅格系统的时候，只要记住每行的总格数是 12 个，然后根据实际项目自由组合即可。

2. 列偏移

有时候并不想让两个相邻的列挨在一起，这时候可利用栅格系统的列偏移（offset）功能实现，而不必再定义 margin 值。对于中等屏幕，使用.col-md-offset-*形式的样式就可以将列偏移到右侧。比如：.col-md-offset-2 的意思是将元素向右移动 2 个列的宽度，具体代码如示例 3 所示。

示例 3

```
<div class="container">
    <div class="row">
        <div class="col-md-1">col-md-1</div>
        <div class="col-md-1">col-md-1</div>
        <div class="col-md-1">col-md-1</div>
        <div class="col-md-4 col-md-offset-4">col-md-1 col-md-offset-4</div>
    </div>
```

```
        <div class="row">
            <div class="col-md-4 col-md-offset-4">col-md-4 col-md-offset-4</div>
        </div>
        <div class="row">
            <div class="col-md-6 col-md-offset-6">col-md-6 col-md-offset-6</div>
        </div>
    </div>
```

在浏览器中运行上述代码，可以看到如图 2.5 所示的效果。

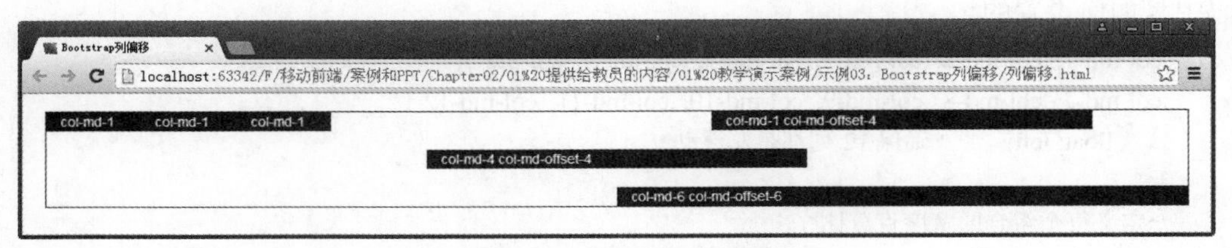

图2.5　12栅格列偏移的使用

其实源码实现也很容易，就是利用 margin-left 的 1/12 而已，有多少个 offset，就有多少个 margin-left。具体源码如下：

```
.col-md-offset-12 {margin-left: 100%;}
.col-md-offset-11 {margin-left: 91.66666667%;}
.col-md-offset-10 {margin-left: 83.33333333%;}
.col-md-offset-9 {margin-left: 75%;}
.col-md-offset-8 { margin-left: 66.66666667%;}
.col-md-offset-7 { margin-left: 58.33333333%;}
.col-md-offset-6 {margin-left: 50%;}
.col-md-offset-5 {margin-left: 41.66666667%;}
.col-md-offset-4 {margin-left: 33.33333333%;}
.col-md-offset-3 {margin-left: 25%;}
.col-md-offset-2 {margin-left: 16.66666667%;}
.col-md-offset-1 {margin-left: 8.33333333%;}
.col-md-offset-0 {margin-left: 0;}
```

3. 列嵌套

栅格系统可以再次嵌套，即在一个列里再声明一个或多个行（row）。但要注意，内部嵌套的行（row）的宽度为 100%时，就是当前外部列的宽度。被嵌套的行（row）所包含的列（column）的个数不能超过 12。具体代码如示例 4 所示。

示例 4

```
<div class="container">
    <div class="row">
        <div class="col-md-8">
            Level 1:col-md-8
            <!—在第一行里再添加一行-->
```

```
        <div class="row">
            <div class="col-md-6">Level 2:col-md-6</div>
            <div class="col-md-6">Level 2:col-md-6</div>
        </div>
    </div>
    <div class="col-md-4">Level 1:col-md-4</div>
  </div>
</div>
```

在浏览器中运行上述代码示例可以看到图 2.6 所示的效果。

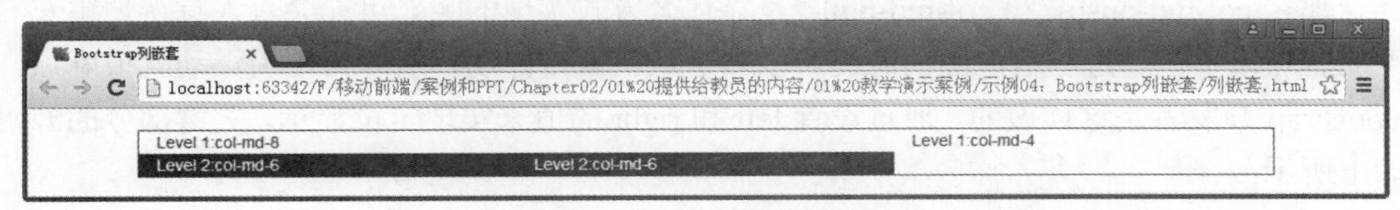

图2.6　12栅格列嵌套的使用

可以看到，在第一个列（col-md-8）里嵌套了一个新行（row），然后在新行里又放置了两个等宽的 col-md-6 列，并且两个 col-md-6 加起来是 12，总宽度和外面的 col-md-8 列的宽度一样。也就是说，在行里的列宽度是按照百分比分配的。在任何一个嵌套列里，不管宽度是多少，都可以再进行 12 等分，并可以进一步组合。

4. 列排序

列排序就是改变列的方向，也就是改变左右浮动，并设置浮动的距离。在栅格系统里，可以通过.col-md-push-*和.col-md-pull-*来实现这一目的。下面通过示例 5 来了解具体使用。

示例 5

```
<div class="container">
    <div class="row">
        <div class="col-md-9 ">.col-md-9</div>
        <div class="col-md-3 ">.col-md-3</div>
    </div>
    <br/>
    <div class="row">
        <div class="col-md-9 col-md-push-3">
            .col-md-9 .col-md-push-3
        </div>
        <div class="col-md-3 col-md-pull-9">
            .col-md-3 .col-md-pull-9
        </div>
    </div>
</div>
```

在浏览器中运行上述代码，可以看到如图 2.7 所示的效果。

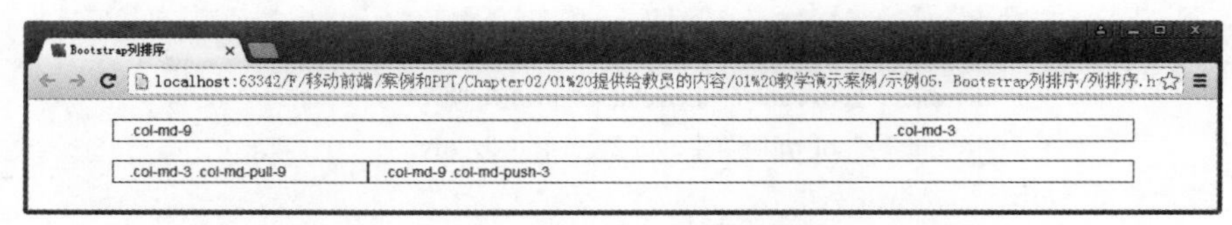

图2.7　12栅格列排序的使用

默认情况下，col-md-9 在左边，col-md-3 在右边。如果要互换位置，需要将 col-md-9 列向右移动 3 个列的距离，也就是推 3 个列的 offset，样式用 col-md-push-3；而 col-md-3 则需要向左移动，也就是拉 9 个 offset，样式用 col-md-pull-9。

那么 col-md-push-*和 col-md-pull-*是靠什么方式实现的呢？可能会有人觉得使用左右浮动就可以了。通过分析前面的源码可以知道默认就是浮动，所以再使用浮动就很麻烦。Bootstrap 开发者是这样做的，通过设置 left 和 right 的值来实现定位显示，关键部分的源码如下所示：

```
.col-md-pull-12 {right: 100%;}
.col-md-pull-11 {right: 91.66666667%;}
.col-md-pull-10 {right: 83.33333333%;}
.col-md-pull-9 {right: 75%;}
.col-md-pull-8 {right: 66.66666667%;}
.col-md-pull-7 {right: 58.33333333%;}
.col-md-pull-6 {right: 50%;}
.col-md-pull-5 {right: 41.66666667%;}
.col-md-pull-4 {right: 33.33333333%;}
.col-md-pull-3 {right: 25%;}
.col-md-pull-2 {right: 16.66666667%;}
.col-md-pull-1 {right: 8.33333333%;}
.col-md-pull-0 {right: auto;}

.col-md-push-12 {left: 100%;}
//其他同理，和 pull 的设置类似，唯一的不同就是 right 和 left 的区别
.col-md-push-0 {left: auto;}
```

提示

只是利用浮动和定位的 left、right 三个基础样式就可以实现这个效果，其实是很巧妙的。建议去看下源码，把习惯培养起来，从模仿别人，理解别人的思路，到慢慢能主动写出属于自己的框架。

2.2.4　响应式栅格

Bootstrap 可以制作响应式页面，能为不同尺寸屏幕提供不同栅格样式。在前面的例子中，一直都在使用中等屏幕（md）。既然是响应式页面，当然还应该包括超小（xs）、小型（sm）、大型（lg）等屏幕。接下来就介绍栅格系统针对不同的屏幕是如何使用的。具体如表 2-1 所示。

表 2-1　Bootstrap 栅格参数

屏幕	超小屏幕手机(<768px)	小屏幕平板(≥768px)	中等屏幕桌面显示器(≥992px)	大屏幕大桌面显示器(≥1200px)
栅格系统行为	总是水平排列	开始时堆叠在一起，当大于这些阈值时将变为水平排列 C		
.container 最大宽度	None（自动）	750px	970px	1170px
类前缀	.col-xs	.col-sm-	.col-md-	.col-lg-
列（column）数	12			
最大列（column）宽	自动	62px	81px	97px
槽（gutter）宽	30px（每列左右均有 15px）			
可嵌套	是			
偏移（offsets）	是			
列排序	是			

这些分界点是如何定义的呢？实际上是使用媒体查询实现的。下面来看一下源码里的设置。

/*超小屏幕（手机，小于 768px），没有设置任何媒体查询代码，因为在 Bootstrap 中是默认的（移动优先）*/

```
@media (min-width: 768px) {
    .container {width: 750px;}      /*小屏幕（平板电脑，大于等于 768px）*/
}
@media (min-width: 992px) {
    .container {width: 970px;}      /*中等屏幕（桌面显示器，大于等于 992px）*/
}
@media (min-width: 1200px) {      /*大屏幕（大桌面显示器，大于等于 1200px）*/
    .container {width: 1170px;}
}
```

提示

从本章开始需要慢慢养成随时查看源码的好习惯，这样不仅能更快地理解代码功能、快速使用，也能接触到别人的开发思想，对自己学习理解和今后封装插件将起到很关键的作用。

现在知道了在不同尺寸的屏幕下，可以有不同的样式设置方式。如果一个网页需要同时支持多种屏幕应该怎么实现呢？需要注意哪些细节呢？下面通过一个综合案例来讲解响应式栅格的使用。具体如示例 6 所示。

示例 6

```
<!--省略部分 CSS 代码 -->
<link rel="stylesheet" href="css/bootstrap.min.css"/>
<style>
    body {color: #686868; font-family: "微软雅黑";}
    .cont {height: 300px; padding-top: 30px; }
```

```
        .mysea {color: #2AAAEC; }
        @media ( max-width: 768px) {
            p {font-size: 12px; }
            h2{font-size: 16px; }
            h3 {font-size: 14px; }
            li{font-size: 14px; margin-left: 30px; }
         .myimg{width: 50%;}
        }
    </style>
    <div class="container">
    <div class="row cont">
    <!--响应式的栅格系统：中等屏幕和超小屏幕-->
            <div class="col-md-4 col-xs-12 text-center">
                <img class="myimg" src="img/cont1.png" alt=""/>
                <h2 class="mysea">SAE</h2>
                <p>云应用</p>
            </div>
            <div class="col-md-8 col-xs-12">
                <h3>应用开发、优化及运行的 PaaS 云计算平台</h3>
                <p>国内公有云计算……</p>
               <div class="row">              <!--列嵌套-->
                   <ul class="col-md-6 col-xs-12">
                       <li>弹性扩展，负载均衡智能应对大数据处理请求</li>
                       <!--省略部分 HTML 代码-->
                   </ul>
                   <ul class="col-md-6 col-xs-12">
                       <li>防火墙防止攻击</li>
                       <!--省略部分 HTML 代码-->
                   </ul>
               </div>
                <a href="#">了解详情</a>
            </div>
        </div>
    <div class="row cont ">
    <!--列排序 -->
            <div class="col-md-4 col-xs-12 col-md-push-8     text-center">
                <img class="myimg" src="img/cont2.png" alt=""/>
                <h2 class="mysea">SAE</h2>
                <p>云应用</p>
            </div>
            <div class="col-md-8 col-xs-12 col-md-pull-4 ">
                <h3>应用开发、优化及运行的 PaaS 云计算平台</h3>
                <p>国内公有云计算平台……</p>
                <div class="row">
                    <ul class="col-md-6 col-xs-12">
```

```
                    <li>弹性扩展，负载均衡智能应对大数据处理请求</li>
                    <!--省略部分 HTML 代码-->
                </ul>
                <ul class="col-md-6 col-xs-12">
                    <li>防火墙防止攻击</li>
                    <!--省略部分 HTML 代码-->
                </ul>
            </div>
            <a href="#">了解详情</a>
        </div>
</div>
<!--省略部分 HTML 代码-->
</div>
```

在浏览器中运行上述示例代码，可以看到如图 2.8 和图 2.9 所示的效果。

图2.8　中等屏幕下的显示效果

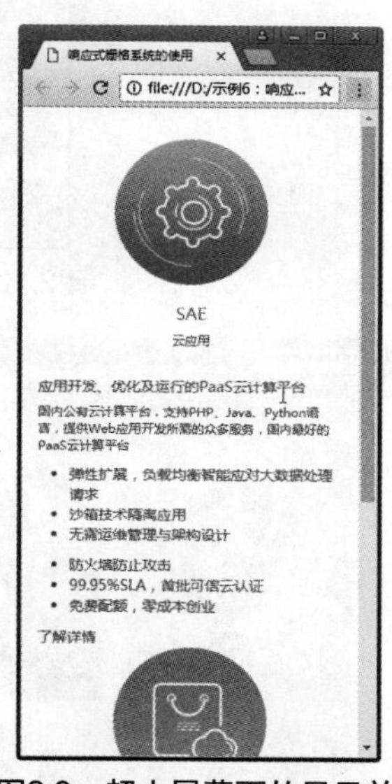

图2.9　超小屏幕下的显示效果

通过上述示例需要注意以下几点。

（1）可以在同一个类中引入不同的列组合，比如：col-md-4 col-xs-12 可以一起出现，浏览器是中等屏幕的时候列的宽度是 4 份，col-xs-12 不生效；浏览器是超小屏幕的时候，列的宽度是 12 份，col-md-4 不生效。也就是说，可以在一个元素上应用不同类型的样式，以适配不同尺寸的屏幕。

（2）在超小屏幕（xs）、小屏幕（sm）、大屏幕（lg）上对栅格系统的列组合、列偏移、列嵌套、列排序的使用和中等屏幕（md）上是一样的。不再一一讲解，读者可以自行练习。

（3）除了 Bootstrap 提供的样式代码外，还可以根据需求自定义 CSS 样式，不过这些样式需要放在引入的 bootstrap.css 文件后面，以保证能覆盖框架里设置的 CSS 样式。

2.2.5 上机训练

上机练习 1——制作美联英语在线 VIP 页面——师资模块

制作图 2.10 至图 2.12 所示的美联英语在线 VIP 页面——师资模块，要求如下。

（1）使用 container、row 等栅格系统的知识布局响应式网页，需要适配中等屏幕、小屏幕、超小屏幕。具体显示效果如图 2.10 至图 2.12 所示。

（2）对于“2000+全球师资欧美外教”等字体的大小颜色需要自己写 CSS 样式。

（3）页面上的图片可以作为背景图片引入进来。

图2.10 美联英语在线VIP页面——师资模块（1）

图2.11 美联英语在线VIP页面——师资模块（2）

图2.12 美联英语在线VIP页面——师资模块（3）

任务3 使用 Bootstrap CSS 全局样式

CSS 全局样式又称 CSS 布局，是 Bootstrap 三大核心内容的基础，即基础的布局语法，包括基础排版（Typography）、表单（Forms）、按钮（Buttons）、图片（Images）等，都是由 CSS 最基础、最简单的语法组合而成的。通过这些基础而又核心的布局语法，不需要太多时间就能制作出比较精美的页面。

至于为什么称它是全局样式，主要是它的使用比较自由，可以在页面中的任意位置使用，也可以放在 Bootstrap 组件里使用，Bootstrap 组件会在后面的章节中讲解。接下来介绍几个在企业中使用很广泛的 CSS 全局样式。

2.3.1　Bootstrap 排版

基础排版是指网页中所需要的各种基本要素，比如标题（h1～h6）、列表、文本等。Bootstrap 在此基础之上又做了不少优化工作，使其更方便使用。

1．标题

Bootstrap 为传统的标题 h1～h6 重新定义了标准的样式，使得在所有浏览器中的显示效果都一样，具体定义规则如表 2-2 所示。

表 2-2　h1～h6 定义规则

元　素	字体大小	计算比例	其　他
h1	36px	14px×2.60	margin-top:20px; margin-bottom:10px;
h2	30px	14px×2.15	
h3	24px	14px×1.70	
h4	18px	14px×1.25	margin-top:10px; margin-bottom:10px;
h5	14px	14px×1.00	
h6	12px	14px×0.85	

标题元素的使用方法和平时一样，代码如下所示：

```
<h1>我是 h1</h1>
<h2>我是 h2</h2>
<h3>我是 h3</h3>
<h4>我是 h4</h4>
<h5>我是 h5</h5>
<h6>我是 h6</h6>
```

Bootstrap 同时还定义了 6 个标题类样式（.h1～.h6），以便在非标题元素下使用，唯一不同的是标题类样式没有定义 margin-top 和 margin-bottom。具体代码如下所示。

```
<span class="h1">我是 h1</span><br/>
<span class="h2">我是 h2</span><br/>
<span class="h3">我是 h3</span><br/>
<span class="h4">我是 h4</span><br/>
<span class="h5">我是 h5</span><br/>
<span class="h6">我是 h6</span><br/>
```

使用 h 标题元素和使用 h 标题类样式的区别如图 2.13 所示。

我是h1
我是h2
我是h3
我是h4
我是h5
我是h6

（a）h 标题元素

我是h1
我是h2
我是h3
我是h4
我是h5
我是h6

（b）h 标题类样式

图2.13　h标题元素和h标题类样式的显示效果比较

2. 页面主体

默认情况下，Bootstrap 设置了全局的字体大小为 12px，行间距 line-height 为字体大小的 1.428 倍（即 20px）。

此外，段落元素 p 会有一个额外的 margin-bottom，大小是行间距的一半（即 10px）。如果想让一段文字突出显示，可以使用.lead 样式，其作用是增大字体大小、粗细、行间距和 margin-bottom。用法如下：

```
<p  class="lead">...</p>
```

lead 样式的代码实现如下所示：

```
.lead {
  margin-bottom: 20px;
  font-size: 16px;
  font-weight: 300;
  line-height: 1.4;
}
@media (min-width: 768px) {          /*大中型浏览器中字体稍大点*/
  .lead {font-size: 21px; }
}
```

> **提示**
>
> 如果默认提供的字体大小等样式不符合实际开发要求，可以在引入的 bootstrap.css 文件后面重新设置样式，以覆盖框架定义好的默认样式。

3. 强调文本

Bootstrap 对默认的文本强调元素进行了轻量级实现，这些元素有 small、strong、em 等。下面通过源码来看看 Bootstrap 是怎样设置这些元素的样式的。

```
b,strong {
    font-weight: bold;        /*粗体设置*/
}
small，.small {
    font-size: 80%;          /*标准字体的 80%*/
}
```

同理，Bootstrap 也为对齐方式定义了 4 个简单明了的样式，很容易理解和使用。

```
<p class="text-left">左对齐</p>
<p class="text-center">中间对齐</p>
<p class="text-right">右对齐</p>
<p class="text-justify">两端对齐</p>
```

4. 列表

列表是制作网页必不可少的重要元素，Bootstrap 中的列表在样式上发生了一些变化，增加了间隙。具体变化可以从源码中了解。接下来就讲解 Bootstrap 特有的一些样式。

（1）内联列表。由于网页中很多时候使用的列表都是横向的，所以 Bootstrap 就封装了这个特性。具体如示例 7 所示。

示例 7

```
/* 省略 CSS 代码*/
<ul class="list-inline">
<li>首页</li>
<li>岗位课</li>
<li>商城</li>
 <li>关于我们</li>
</ul>
```

在浏览器中的运行效果如图 2.14 所示。

图2.14　内联列表的显示效果

list-inline 样式的源码如下。

```
.list-inline {
   padding-left: 0;
   margin-left: -5px;
   list-style: none;
}
.list-inline > li {
   display: inline-block;
   padding-right: 5px;
   padding-left: 5px;
}
```

（2）水平定义列表。Bootstrap 提供了 dl-horizontal 样式，通过在 dl 元素上应用该样式，可以实现列表水平显示。具体如示例 8 所示。

示例 8

```
<dl class="dl-horizontal">
    <dt>购物指南</dt>
    <dd>购物流程、会员价格</dd>
    <dt>配送方式</dt>
    <dd>上门自提、海外配送</dd>
    <dt>售后服务</dt>
    <dd>售后政策、价格保护、退款说明、取消订单、退换货</dd>
</dl>
```

在浏览器中的运行效果如图 2.15 所示。

图2.15　水平定义列表的显示效果

水平定义列表的主要实现方式是将 dt 左浮动，同时设置宽度为 160px，再将 dd 左外边距设为 180px，从而达到水平效果。具体源码可以参考 bootstrap.css。

2.3.2 Bootstrap 表单

每个网站都有登录、注册等表单操作，自然离不开表单元素。在 Bootstrap 中提供了很多表单样式。接下来就通过示例 9 分析讲解。

示例 9

```
<form action="#">
    <div class="form-group ">
        姓名:
        <input class="form-control" type="text" placeholder="请输入你的姓名" />
    </div>
    <div class="form-group">
        邮箱:
        <input class="form-control" type="email" placeholder="请输入你的邮箱" />
    </div>
    <input class=" form-control " type="submit"  提交  />
</form>
```

Bootstrap 对基础表单未做太多定制化效果设计，默认都采用全局设置。单独的表单控件会被自动赋予一些全局样式；所有设置了.form-control 类的 input 和 select 元素都将默认设置宽度为 100%；使用.form-group 包裹起来，显示效果会更好。图 2.16 是示例 9 中没有设置.form-group 和.form-control 类的效果。而图 2.17 是设置这两个类后的效果。

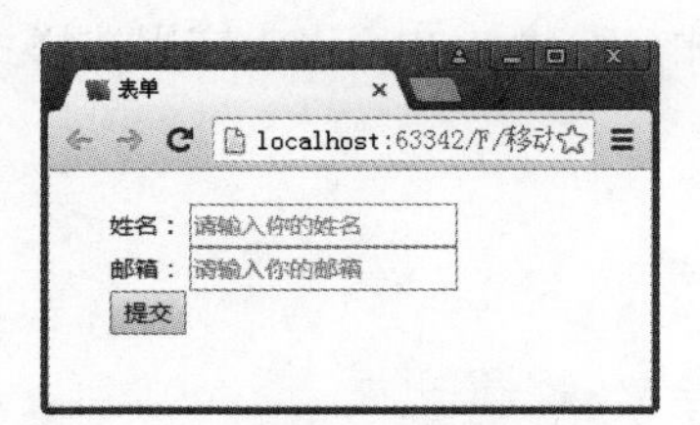

图2.16　默认的表单样式

图2.17　设置.form-group和.form-control类后的效果

示例 9 的搭配是实际案例中使用最多的。.form-group 类会给元素设置 15px 的外下边距；.form-control 类可以让元素的宽度变为 100%，并且 placeholder 的颜色会设置成#999999。具体源码参看 bootstrap.css。

1. 内联表单

有时候需要一个所有元素都处于一行中的表单，只需在普通的 form 元素上应用.form-inline 样式即可实现。在示例 9 的基础上修改代码，如下所示。

```
<form action="#"    class="form-inline">
<!—省略部分 HTML 代码-->
</form>
```

此时在浏览器中的显示效果如图 2.18 所示。

图2.18　内联表单

要控制表单元素水平排列，唯一方式就是设置元素显示方式为 display:inline-block，所以只需为相应的子元素设置 display 属性即可。不过该 form-inline 样式只能在大于 768px 的浏览器上才能应用。关键源码如下所示。

```
@media (min-width: 768px) {
    .form-inline .form-group {
        display: inline-block;
        margin-bottom: 0;
        vertical-align: middle;
    }
    .form-inline .form-control {
        display: inline-block;
        width: auto;
        vertical-align: middle;
    }
}
```

2. 横向表单

在示例 9 中，可以发现“姓名”和后面的输入框是排列在两行的，而在实际的网页开发中，大多是文字描述在左边，表单控件在右边。在 Bootstrap 中提供了.form-horizontal 样式，不过其本身没有什么特殊的设置，只是简单地设置了 padding 和 margin 值，在实际的使用中还需要配合栅格系统才能达到最终效果。具体使用方法如示例 10 所示。

示例 10

```
<form action="#" class="form-horizontal">
        <div class="form-group">
            <span class="col-sm-2 text-center">姓名：</span>
            <div class="col-sm-10">
                <input class="form-control " type="text" placeholder="请输入你的姓名"/>
            </div>
        </div>
        <div class="form-group">
            <span class="col-sm-2 text-center"> 邮箱：</span>
            <div class="col-sm-10">
                <input class="form-control" type="email" placeholder="请输入你的邮箱"/>
            </div>
        </div>
        <div class="form-group">
```

```
            <div class="col-sm-offset-4 col-sm-4" >
                <input class=" form-control " type="submit"  提交/>
            </div>
        </div>
</form>
```

由于.form-horizontal 样式改变了.form-group 的行为，将其变得像栅格系统中的行一样，因此就无需使用.row 样式了。相关源码如下所示。

```
.form-horizontal .form-group {
  margin-right: -15px;
  margin-left: -15px;
}
```

在浏览器中的显示效果如图 2.19 所示。

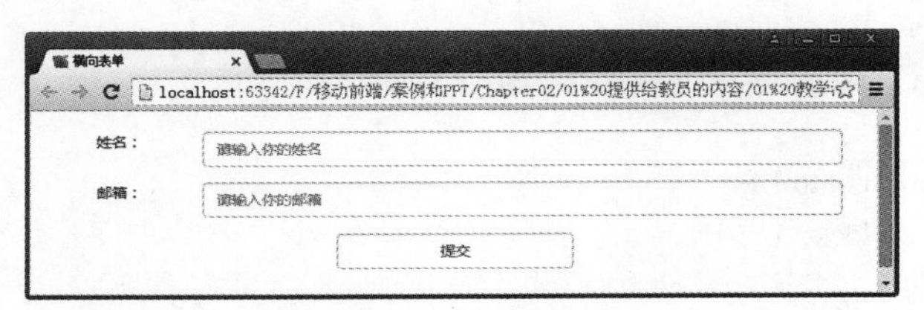

图2.19　横向表单

3. 验证提示状态

在填写表单的时候，经常要提示用户其输入的内容是否合法，长度是否够用，在此输入的密码是否和第一次一致等验证方面的信息，不同的输入就需要不同的样式表现（如颜色、边框、提示语等）。Bootstrap 提供了.has-warning、.has-error、.has-success 三种样式，分别表示警告（黄色）、错误（红色）、成功（绿色）语境。使用了以上样式后，输入框的边框颜色和阴影颜色会发生变化。

4. 控件大小

在 Bootstrap 中可以自由设置表单控件的大小，有大型的、正常的、小型的。使用方式如下所示。

```
<input type="text" class="input-lg form-control" placeholder="大型输入框"/>
<input type="text" class="form-control" placeholder="正常输入框"/>
<input type="text" class="input-sm form-control" placeholder="小型输入框"/>
```

在浏览器中的显示效果如图 2.20 所示。

大型输入框

正常输入框

小型输入框

图2.20　输入框

2.3.3　Bootstrap 按钮

按钮是任何系统都不可或缺的组件，不同的系统需要的按钮各式各样，按钮的设置涉及按钮的大小、颜色、状态等，接下来会一一讲解。

1. 按钮样式

按钮是网页交互过程中不可缺少的一部分，Bootstrap 默认提供了 7 种样式的按钮风格，具体代码如下所示。

```
<input type="button" class="btn btn-default" value="default(灰色)"/>
<input type="button" class="btn btn-primary" value="primary(深蓝色)"/>
<input type="button" class="btn btn-success" value="success(绿色)"/>
<input type="button" class="btn btn-info" value="info(天蓝色)"/>
<input type="button" class="btn btn-warning" value="warning(黄色)"/>
<input type="button" class="btn btn-danger" value="danger(红色)"/>
<input type="button" class="btn btn-link" value="link(链接)"/>
```

在浏览器中的显示效果如图 2.21 所示。

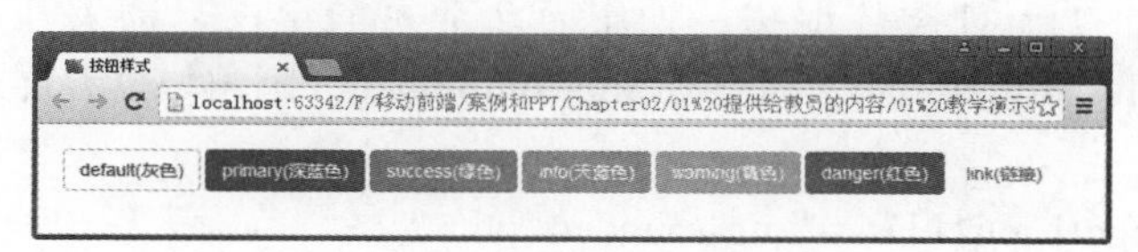

图2.21　按钮样式

首先定义了基础的.btn 样式以及相关的 hover、focus、active 等行为特效，然后再为特殊的风格（如 btn-info）定义特殊的颜色（各种状态下的颜色）。具体源码请参考 bootstrap.css。

2. 按钮大小

Bootstrap 也提供了控制按钮大小的 CSS 样式，如 btn-lg、btn-sm、btn-xs 等。

```
<input type="button" class="btn btn-default btn-lg" value="default(灰色)大型"/>
<input type="button" class="btn btn-primary " value="primary(深蓝色) 默认大小"/>
<input type="button" class="btn btn-success btn-sm" value="success(绿色)小型"/>
<input type="button" class="btn btn-info btn-xs" value="info(天蓝色)超小型"/>
```

在浏览器中的显示效果如图 2.22 所示。

图2.22　按钮大小

注意

btn 样式的强大之处在于，它不仅能支持普通的 input 元素，而且能支持 a 元素和 button 元素。这些元素应用 btn 样式也能够产生同样的显示效果。

最佳的实践结果：button 元素在各浏览器中的表现一致。但 Firefox 浏览器有个 bug，会导致无法设置 input 元素的 line-height 属性。这就导致在 Firefox 浏览器上的按钮无法和其他浏览器中的按钮保持一致的高度。

2.3.4 Bootstrap 图片

在制作响应式网页的时候常面临的问题是图片尺寸不能随屏幕的增大而增大、缩小而缩小。Bootstrap 提供了三种图片风格效果，接下来就详细地讲解下。

1. 响应式图片

可以通过为图片添加.img-responsive 类让图片支持响应式布局。其实质是为图片设置了宽度 100%、高度自适应和 display:block 属性，从而让图片在其父元素中能更好地缩放。具体使用方式如下所示。

```
<img src="…" class="img-responsive" />
```

2. 图片形状

Bootstrap 提供了三种图片形状，使用方法非常简单，只需要在 img 元素上使用 img-rounded（圆角）、img-circle（圆形）、img-thumbnail（圆角边框）样式即可，具体代码如下所示。

```
<img src="image/1.jpg" class="img-rounded " alt=""/>
<img src="image/1.jpg" class="img-circle " alt=""/>
<img src="image/1.jpg" class="img-thumbnail " alt=""/>
```

上述代码在浏览器中的显示效果如图 2.23 所示。

图2.23　图片形状

注意

在使用 img-circle 样式制作圆形图片的时候，必须保证原始图片是正方形的，否则图片将变成椭圆形。

2.3.5 上机训练

上机练习 2——制作全国公安机关互联网站安全管理服务平台登录页面

制作如图2.27所示的全国公安机关互联网站安全管理服务平台的登录页面，要求如下。

（1）使用 container、row 等栅格系统的知识布局网页结构。具体显示效果如图 2.24 所示。

（2）使用表单元素制作登录页面。

（3）使用 btn-success 制作“搜索”按钮，使用 btn-danger 制作“登录”按钮。

图2.24　全国公安机关互联网站安全管理服务平台登录页面

本章作业

一、选择题

1．下列选项中不属于 Bootstrap 应用场景的是（　　）。

A．制作响应式页面　　B．制作 PC 端页面

C．制作网页设计图　　D．制作移动端页面

2．下列选项中属于栅格系统应用的是（　　）。（选两项）

A．列偏移　　B．列合并　　C．列移动　　D．列排序

3．下面关于响应式栅格说法正确的是（　　）。（选两项）

A．超小屏幕针对的是手机设备　　B．小屏幕针对的是手机设备

C．中等屏幕针对的是平板设备　　D．大屏幕针对的是平板设备

4．下面关于表单元素说法正确的是（　　）。

A．无论何时，form-inline 样式都可以让表单元素排在一行

B．has-warning 能让表单元素变为红色

C．仅用 form-horizontal 就可以使文字和输入框排在一行

D．form-control 可以实现响应式表单元素

5．<img src="image/1.jpg" class="img-responsive img-rounded " />，上述代码含义表述正确的是（　　）。

A．引入图片 1.jpg，并且图片是响应式的带圆角边框

B．引入图片 1.jpg，并且图片是响应式的带圆角的

C．引入图片 1.jpg，并且图片是圆形的

D．引入图片 1.jpg，并且图片是响应式的圆形的

二、简答题

1．栅格系统的工作原理是什么？有哪些使用方式？

2．响应式表格针对各种屏幕设备的临界点分别是什么？缩写方式是什么？

3．制作美联英语在线 VIP 页面——6+课程体系，需要适配中等屏幕、小屏幕、超小屏幕，页面效果如图 2.25 至图 2.27 所示。

图2.25 美联英语在线VIP页面——6+ 课程体系（1）

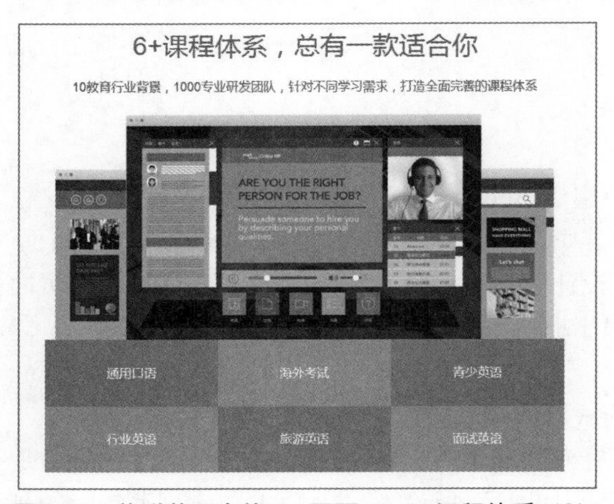

图2.26 美联英语在线VIP页面——6+课程体系（2）

图2.27 美联英语在线VIP页面——6+课程体系（3）

4．制作美联英语在线 VIP 页面——学伴，需要适配中等屏幕、小屏幕、超小屏幕，页面效果如图 2.28 至图 2.30 所示。

图2.28　美联英语在线VIP页面——学伴（1）

图2.29　美联英语在线VIP页面——学伴（2）

图2.30　美联英语在线VIP页面——学伴（3）

5. 制作美联英语在线 VIP 登录页面，需要适配中等屏幕、超小屏幕，页面效果如图 2.31 和图 2.32 所示。

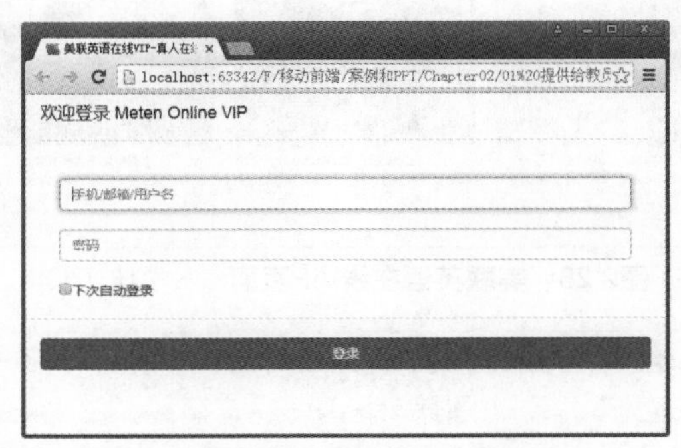

图2.31 美联英语在线VIP登录页面（1）

图2.32 美联英语在线VIP登录页面（2）

第3章

Bootstrap CSS 组件

本章任务

任务 1：使用图标组件
任务 2：使用下拉菜单组件
任务 3：使用输入框组件
任务 4：使用导航和导航栏组件
任务 5：使用缩略图
任务 6：使用媒体对象
任务 7：使用列表组
任务 8：使用分页导航

技能目标

❖ 掌握 Bootstrap 中的常用组件

本章知识梳理

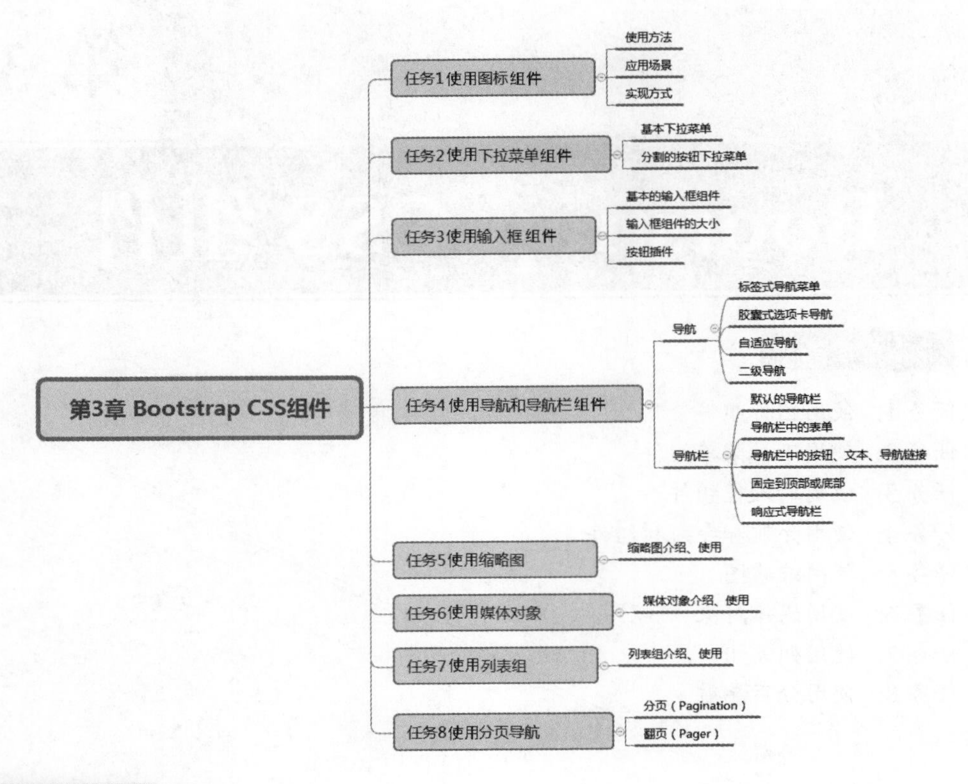

本章简介

本章介绍Bootstrap框架的三大核心之二——组件。主要讲解的组件包括图标（Glyphicon）、下拉菜单（Dropdown）、输入框（Input group）、导航（Nav）、导航条（Navbar）、缩略图（Thumbnail）、媒体对象（Media object）、列表组（Listgroup）、分页导航（Pagination）。本章会对以上组件进行全面分析，包括使用方法、注意事项、实现方式等。

预习作业

简答题

（1）Bootstrap 有哪些组件？分别是什么？

（2）使用 Bootstrap 可以制作几种导航样式？分别怎么实现？

任务 1 使用图标组件

图标（icon）是一个优秀网站不可缺少的元素，图标的有效点缀可以使网站瞬间提升一个档次。Bootstrap 提供了 250 种图标，这些图标可以作用在内联元素上，给网页增加更多活力。

3.1.1　使用方法

图标的使用方法非常简单，只需在任何内联元素上应用对应的样式即可。例如：

```
<span class="glyphicon    glyphicon-home"></span>
```

所有的图标都以 glyphicon-开头，因为这些图标都由 http:// glyphicons.com/网站提供，使用的时候必须同时应用两个样式，即以.glyphicon 和. glyphicon-*开头的样式。

提示

glyphicons.com 是一家提供商业图片集的网站，上述提到的 250 种图标是该网站免费提供给 Bootstrap 框架的，可以随意免费使用。

下面通过联通 APP 页面的底部导航来了解图标的使用，具体代码如示例 1 所示。

示例 1

```
<style>
    .text{
        display: block;
    }
    .mylist{
        height: 42px;
        background: rgba(244, 243, 254, 0.69);
        border: 1px solid #CCCCCC;
}
</style>
</head>
<body>
<div class="container">
    <div class="row text-center mylist">
        <div class="col-xs-3">
            <span class="glyphicon glyphicon-home"></span>
            <span class="text">首页</span>
        </div>
        <div class="col-xs-3">
            <span class="glyphicon glyphicon-zoom-in"></span>
            <span class="text">服务</span>
        </div>
        <div class="col-xs-3">
            <span class="glyphicon glyphicon-gift"></span>
            <span class="text">商品</span>
        </div>
        <div class="col-xs-3">
```

```
                <span class="glyphicon glyphicon-user"></span>
                <span class="text">我的联通</span>
            </div>
        </div>
    </div>
```

在浏览器中的显示效果如图 3.1 所示。

图3.1　联通页面底部图标导航

提示

在示例中只使用了几个图标，更多的图标可以通过官网 www.getbootstrap.com/components 查询。

使用图标的时候需要注意以下几点。

（1）图标类组件不能和其他组件直接联合使用，也不能在同一个元素上与其他类同时存在，应该创建一个嵌套的 span 元素，并将图标应用到这个 span 元素上。

（2）只对内容为空的元素起作用。

（3）对引入的图标位置有规定，假如所有图标字体全部位于../fonts/目录内，相对于预编译版 CSS 文件，应该是同级目录才有效果。

3.1.2　应用场景

图标样式可以使用在各种元素容器内，比如 button 元素、nav 列表、输入框等。具体如图 3.2 至图 3.4 所示。

图3.2　图标和导航结合

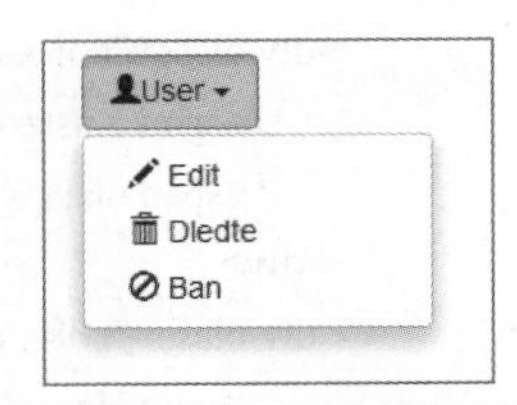

图3.3　图标在按钮里

请输入楼盘名/楼盘地址

图3.4　图标和输入框配合运行

可见图标实际上是很有用的，上述的使用场景中还涉及下拉菜单组件、输入框组件等，后续再讲解这些组件的用法。

3.1.3 实现方式

图标的使用很简单，还需要了解它是如何实现的。新版的 Bootstrap 是利用@font-face 特性并结合一定的字体，来制作 Web 页面中的图标。下面来看一下图标的关键部分源码。

```
/*引入图标字体*/
@font-face {
    font-family: 'Glyphicons Halflings';
    src: url('../fonts/glyphicons-halflings-regular.eot');
    src: url('../fonts/glyphicons-halflings-regular.eot?#iefix') format('embedded-opentype'),
url('../fonts/glyphicons-halflings-regular.woff2')format('woff2'),
url('../fonts/glyphicons-halflings-regular.woff') format('woff'),
url('../fonts/glyphicons-halflings-regular.ttf') format('truetype'),
url('../fonts/glyphicons-halflings-regular.svg#glyphicons_halflingsregular') format('svg');
}
.glyphicon {
    position: relative;
    top: 1px;
    display: inline-block;
    font-family: 'Glyphicons Halflings';
    font-style: normal;
    font-weight: normal;
    line-height: 1;
    -webkit-font-smoothing: antialiased;
    -moz-osx-font-smoothing: grayscale;
}
```

上述源码就是通过@font-face 引入图标，并设置了位置、字体等常规样式。还需要注意，字体文件夹 fonts 的路径必须和 CSS 文件夹在同级目录下，否则显示不出来。

任务 2 使用下拉菜单组件

网页中经常会需要用到上下文菜单或者隐藏/展示菜单项，Bootstrap 默认提供了通用的菜单显示效果，但各种交互状态下的菜单显示需要和 JavaScript 的 Dropdown 插件配合才能使用。本任务只讲解如何展示菜单，JavaScript 交互插件在后续章节中讲解。

3.2.1 基本下拉菜单

基本下拉菜单是将下拉菜单触发器和下拉菜单包裹在.dropdown 里，或者声明一个 position:relative 元素，然后加入组成菜单的 HTML 代码。下面通过示例 2 来分析基本下拉菜单的用法。

示例 2

```
<div class="dropdown open">    <!-- open 控制菜单收缩展开-->
```

```
        <button class="btn btn-default" data-toggle="dropdown" >
            Dropdown
            <span class="caret"></span>          <!-- 向下小三角-->
        </button>
        <ul class="dropdown-menu">
            <!-- active 默认是选中状态-->
            <li class="active"><a href="#">Action</a></li>
            <li><a href="#">Another action</a></li>
            <li class="divider"></li>            <!-- 分界线-->
            <li><a href="#">Something else here</a></li>
            <li><a href="#">Separated link</a></li>
        </ul>
    </div>
    <script src="js/jquery-1.12.4.js"></script>
    <script src="js/bootstrap.js"></script>
```

上述代码在浏览器中的运行效果如图 3.5 所示。

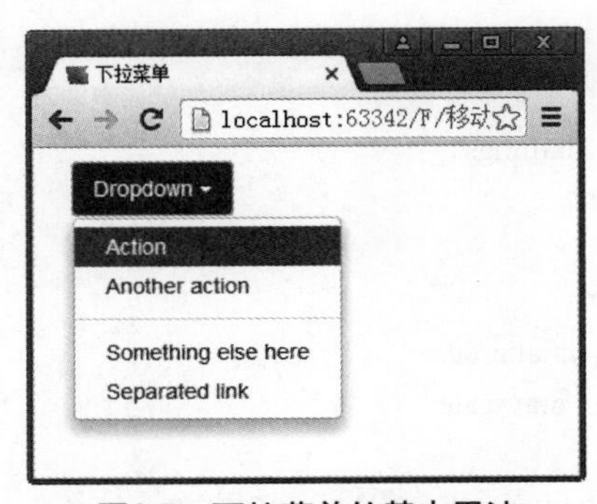

图3.5 下拉菜单的基本用法

下拉菜单包括两部分：按钮和下拉菜单项，包裹在一个.dropdown 容器里。按钮在前面已经学过，关键是 data-toggle="dropdown"——和 JavaScript 插件交互的接口。在 JavaScript 插件中已经封装了单击按钮弹出下拉菜单项的功能，这里可以直接使用。虽然不需要写 JavaScript 相关代码，但是需要引入 jQuery 文件和 bootstrap.js 文件才能实现交互效果。

.caret 可以实现按钮上的向下小三角，参考以下源码。

```
.caret {
    display: inline-block;
    width: 0;
    height: 0;
    margin-left: 2px;
    vertical-align: middle;
    border-top: 4px solid ;
    border-right: 4px solid transparent;
    border-left: 4px solid transparent;
}
```

下拉菜单项必须包含在 dropdown-menu 容器中，这样配合才能显示如图 3.5 所示的效果。

在示例 2 中如果把最外层容器中的.open 去掉，会发现下拉菜单的默认菜单项隐藏，只有通过单击按钮才会出现。

在很多地方还会看到展开的菜单项是在按钮的上面，该如何实现呢？只需要把 dropdown 改为 dropup，其他内容不变。具体代码如下所示：

```
<div class="dropup open">
    ......
</div>
```

显示效果如图 3.6 所示。

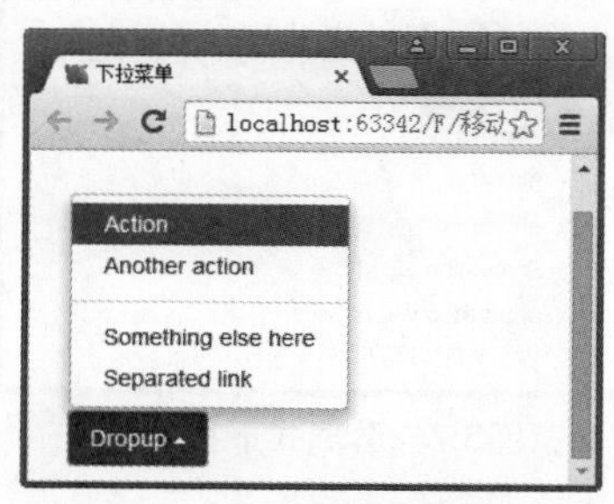

图3.6　dropup的显示效果

方法

对于 Bootstrap 的使用应该能总结出以下规律：套用封装好的类名再结合固定的结构。虽然代码和新类名比较多，不过要活学活用，不要死记硬背。例如，下拉菜单组件最外层使用的类名是 dropdown，那么这个结构中所有相关的类名都和 dropdown 有关，比如 dropdown-menu 等。其他组件或插件也同理。Bootstrap 的命名非常值得借鉴和学习。

3.2.2　分离式下拉菜单

从示例 2 的显示效果图中可以发现，下拉菜单中向上或向下的小箭头是包含在按钮内部的，即不管是单击箭头还是单击按钮，都会触发弹出事件。但是开发人员可能需要按钮和箭头分离的功能，即单击箭头的时候弹出菜单项，单击按钮的时候可以做其他事情。这就是接下来要讲解的分离式下拉菜单。

回顾前面的知识，可以知道单击事件是通过设置 data-toggle="dropdown"来触发的，所以要让箭头单独成为一个按钮，而原来的按钮继续保持，这样两个按钮排放在一起就可以了。在样式上 Bootstrap 还需要处理一个小细节，按钮的四个角一般都是圆角，两个按钮组合在一起，要看起来像一个整体，还得让连接的地方是直角。具体实现代码如下所示。

示例 3

```
<div class="btn-group">
    <button type="button" class="btn btn-danger">Action</button>
    <button type="button" class="btn btn-danger dropdown-toggle" data-toggle="dropdown" ><span
class="caret"></span></button>
    <ul class="dropdown-menu">
```

```
            <li><a href="#">Action</a></li>
            <li><a href="#">Another action</a></li>
            <li><a href="#">Something else here</a></li>
            <li><a href="#">Separated link</a></li>
        </ul>
    </div>
```

在浏览器下的显示效果如图 3.7 所示。

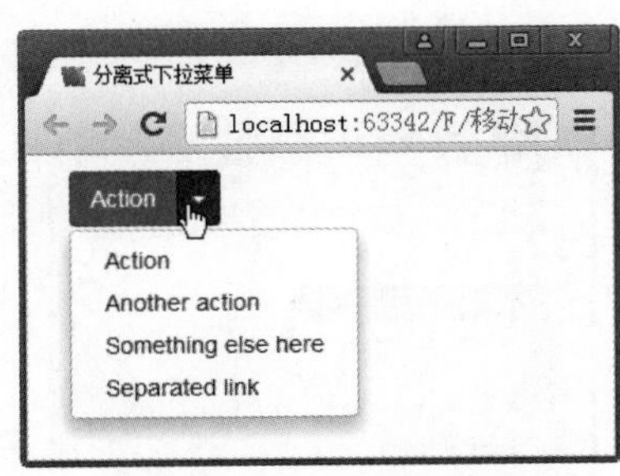

图3.7　分离式下拉菜单

上面提到的将两个按钮拼合在一起，去除连接处圆角的关键源码如下所示。

```
.btn-group > .btn:not(:first-child):not(:last-child):not(.dropdown-toggle) {      /*除第一个按钮、最后一个按钮和带有 dropdown-toggle 样式的元素外，其他 btn 样式的按钮不设置圆角*/
    border-radius: 0;
}
.btn-group > .btn:first-child {margin-left: 0; /*第一个按钮左 margin 为 0*}
.btn-group > .btn:first-child:not(:last-child):not(.dropdown-toggle) {
/*第一个按钮（不是最后一个按钮和带有 dropdown-toggle 样式的元素）的右上角和右下角不设置圆角*/
    border-top-right-radius: 0;
    border-bottom-right-radius: 0;
}
.btn-group > .btn:last-child:not(:first-child),
.btn-group > .dropdown-toggle:not(:first-child) {
/*最后一个按钮或带有 dropdown-toggle 样式的元素（不是第一个按钮），左上角和右下角不设置圆角*/
    border-top-left-radius: 0;
    border-bottom-left-radius: 0;
}
```

3.2.3　上机训练

上机练习 1——制作美联英语在线 VIP 页面导航

制作如图 3.8 所示的美联英语在线 VIP 页面导航，要求如下。

（1）使用无序列表布局导航结构。

（2）使用小图标组件为导航项设置相应图片。

（3）使用下拉菜单设置导航项的二级菜单。

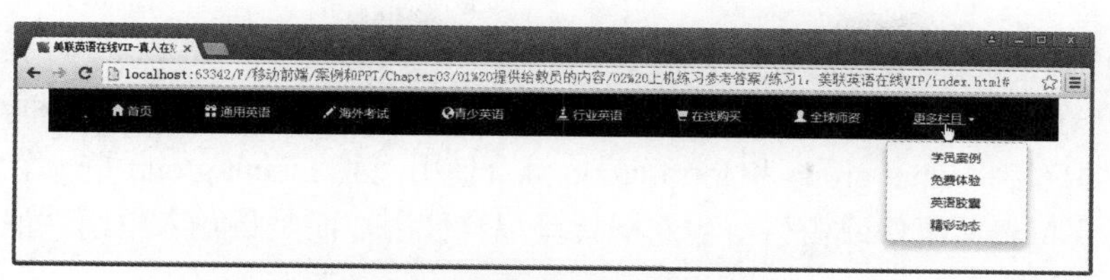

图3.8　美联英语在线VIP页面导航

任务 3　使用输入框组件

3.3.1　基本的输入框组件

有时候需要将文本输入框(Input group)和文字或者图标组合在一起使用(称为 addon)。例如图 3.9 所示效果的表单输入框。

图3.9　输入框组合效果

输入框组件是通过在文本输入框（input）前面、后面或是两边加上文字或按钮实现的。使用输入框组件很简单，只需要在容器上应用.input-group 样式，然后对需要在文本输入框前后显示的个性元素应用.input-group-addon 样式即可。具体使用如示例 4 所示。

示例 4

```
<div class="input-group">
    <span class="input-group-addon">@</span>
    <input type="text" class="form-control" placeholder="Username">
</div><br/>
<div class="input-group">
 <input type="text" class="form-control" placeholder="请输入要搜索的内容" ><span class="input-group-addon" >百度一下</span>
</div>
```

在浏览器中的显示效果如图 3.10 所示。

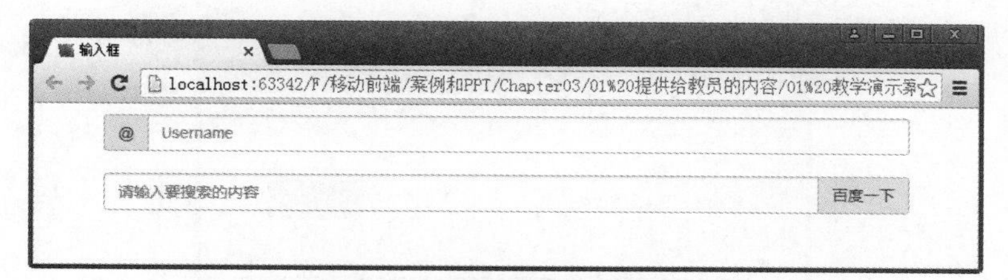

图3.10　输入框组件的基本用法

使用输入框组件需要注意以下几点。

（1）避免在 select 元素上使用，因为 Webkit 内核的浏览器不完全支持输入框组件的特性。

（2）不要直接将.input-group 和.form-group 混合使用，因为.input-group 是一个独立的组件。

（3）不要将表单组件或栅格与输入框直接混合使用，而是将输入框组件嵌套到表单组件或栅格的元素内部。

3.3.2 输入框组件的大小

输入框组件也可以设置大小。在.input-group-addon 样式容器上添加相应的尺寸类，其内部包含的元素将自动调整自身的尺寸，而不需要为输入框组件中的每个元素重复添加控制尺寸的类。在示例 4 上添加控制尺寸类的代码如下。

```
<div class="input-group input-group-lg">…</div>
<div class="input-group input-group-sm">…</div>
```

添加控制尺寸类后的显示效果如图 3.11 所示。

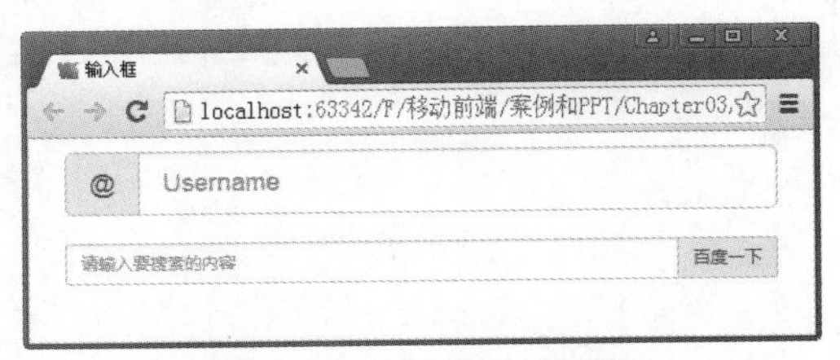

图3.11　改变输入框组件尺寸

3.3.3 按钮插件

输入框组件支持普通的按钮以 addon 的形式出现。由于前面学过的.btn 按钮已经定义了各种各样的样式（如大小、颜色、内外边距等），为了避免冲突，单独为.btn 样式设置了一个.input-group-btn 样式，用来替换.input-group-addon 作为新的 addon 容器。具体用法如示例 5 所示。

示例 5

```
<div class="input-group">
    <input type="text" class="form-control" placeholder="请输入要搜索的内容">
    <span class="input-group-btn">    <!-- 容易出错点：写成 input-group-addon-->
    <button class="btn btn-primary" type="button">百度一下</button> </span>
</div>
```

在浏览器中的显示效果如图 3.12 所示。

图3.12　百度搜索输入框

任务 4　使用导航和导航栏组件

一个完整的导航条除了包含导航，还有可能包含 LOGO、表单、按钮、文字链接等多种元素，所以在讲解导航条之前先来认识一下常见的导航。

3.4.1　导航

导航（Nav）是一个网站最重要的组成部分，便于用户查找网站提供的各项功能服务。Bootstrap 中的导航组件都依赖于.nav 类，其状态也是公共的。就像使用.btn 一样，需要特殊的样式，再添加相应的类即可。

.nav 是导航的基础样式，主要是完成布局方式（相对）、块级显示、padding、active、disabled 状态下的颜色等基础设置。关键源码如下所示：

```
.nav {
    padding-left: 0;
    margin-bottom: 0;
    list-style: none;                          /*消除 list 圆点*/
}
.nav > li {
    position: relative                         /*所有的菜单项都是相对定位*/
    display: block;                            /*块级显示*/
}
.nav > li > a {
    position: relative;                        /*a 链接相对定位*/
    display: block;                            /*块级显示*/
    padding: 10px 15px;
}
.nav > li > a:hover,.nav > li > a:focus {      /*移动或焦点时链接的显示效果*/
    text-decoration: none;
    background-color: #eee;
}
.nav > li.disabled > a {    color: #777; /*li 上禁止时的效果*/}
.nav > li > a > img { max-width: none;
/*如果 a 链接里是图片 img，则不设置最大宽度*/}
```

了解了基本导航.nav 的公共样式，接下来就介绍几种很常用的导航：选项卡导航、胶囊式选项卡导航、自适应导航。

1．选项卡导航

选项卡导航也称为标签式导航，是最常用的一种导航方式，尤其是在多内容编辑的时候，通常都需要使用选项卡进行分组显示，当前高亮菜单项使用.active 样式。选项卡导航使用.nav-tabs 类实现。具体使用如示例 6 所示。

示例 6

```
<ul class="nav nav-tabs ">
    <li class="active"><a href="#">主页</a></li>
    <li><a href="#">微博</a></li>
    <li><a href="#">图书</a></li>
    <li><a href="#">关于我们</a></li>
</ul>
```

在浏览器中的显示效果如图 3.13 所示。

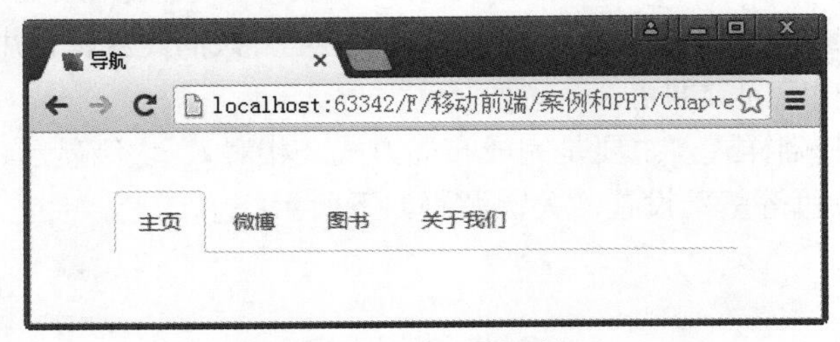

图3.13　选项卡导航

其实现原理主要是让每个 li 项按照块级元素显示，然后定义非高亮菜单的样式和鼠标触发行为，最后定义高亮菜单项的样式和鼠标行为。关键源码如下所示。

```
.nav-tabs {border-bottom: 1px solid #ddd;}
.nav-tabs > li {
  float: left;
  margin-bottom: -1px;
}
.nav-tabs > li > a {
  margin-right: 2px;
  line-height: 1.42857143;
  border: 1px solid transparent;
  border-radius: 4px 4px 0 0;
}
.nav-tabs > li > a:hover {border-color: #eee #eee #ddd;}
```

2. 胶囊式选项卡导航

胶囊式选项卡导航实现也非常简单，只需要把示例 6 中的 nav-tabs 改为 nav-pills，即可变换成完全不同的样式效果，并且当前的.active 菜单也会进行背景高亮显示。具体代码如下所示。

```
<ul class="nav nav-pills ">
    <li  class="active"><a href="#">主页</a></li>
    省略其他 li 项
</ul>
```

在浏览器中的显示效果如图 3.14 所示。

图3.14　胶囊式选项卡导航

这种风格的 CSS 设置稍简单，只要加大每个 li 元素的圆角和当前 li 元素的文字颜色及背景即可。关键源码请参考 bootstrap.css。

3. 自适应导航

上面讲的两种导航的大小都是固定的，不会随着屏幕的变化而变化。自适应导航可以将 li 元素充满整个父级容器，其样式为.nav-justified。不过在使用的时候，它需要依附在.nav-tabs 或.nav-pills 样式的基础上。具体代码如下所示。

```
<ul class="nav nav-tabs nav-justified">
    <li  class="active"><a href="#">主页</a></li>
    省略其他 li 项
</ul>
<ul class="nav nav-pills nav-justified">
    <li  class="active"><a href="#">主页</a></li>
    省略其他 li 项
</ul>
```

在浏览器中的显示效果如图 3.15 所示。

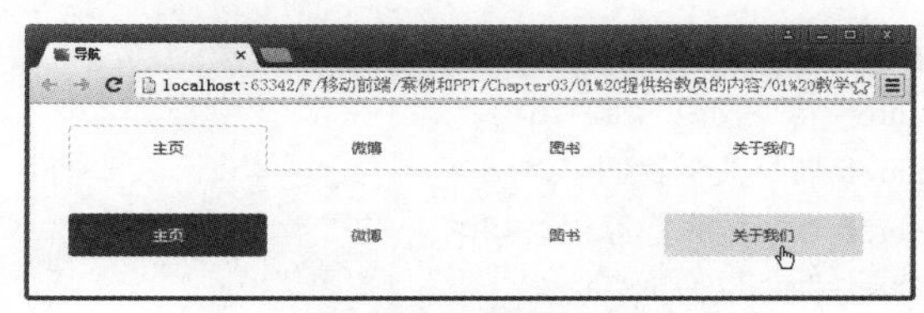

图3.15 自适应导航

实现方式也是一如既往，在宽度为 100%的基础上，设置每个元素的 display 风格为 table-cell。关键源码如下所示。

```
.nav-tabs.nav-justified {
    width: 100%;                /*宽度充满父级*/
    border-bottom: 0;
}
.nav-tabs.nav-justified > li {float: none;}
.nav-tabs.nav-justified > li > a {
    margin-bottom: 5px;
    text-align: center;
}
@media (min-width: 768px) {
    .nav-tabs.nav-justified > li {
        display: table-cell;            /*表格风格显示*/
        width: 1%;
    }
    .nav-tabs.nav-justified > li > a {margin-bottom: 0;}
}
```

上述源码中用到了媒体查询@media (min-width: 768px)，也就是说，只有在大于 768px 的浏览器上才会是这样的显示，如果小于该像素的话，将显示堆叠的样式，如图 3.16 所示。

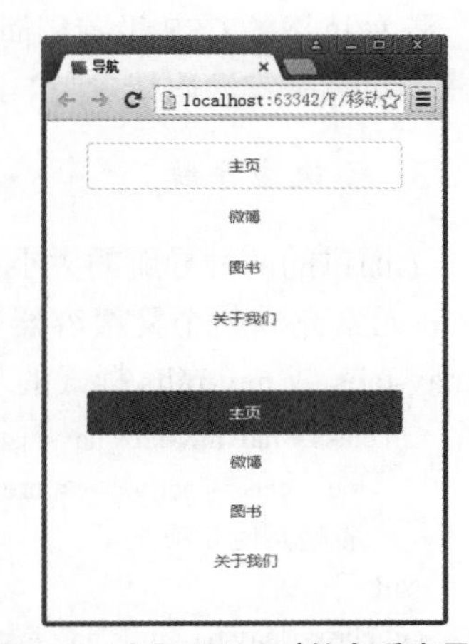

图3.16 小于768px时的自适应导航

4. 二级导航

一般网站都有二级菜单，前面用到的都是一级菜单。那么如何实现二级菜单呢？其实二级菜单很像下拉菜单，把二者组合起来就可以形成二级导航。不过二级导航是用普通导航里的 li 元素作为父元素容器，内部包含 Dropdown 下拉菜单。具体使用如示例 7 所示。

示例 7

```
<ul class="nav nav-pills ">
    <li class="active"><a href="#">首页</a></li>
    <li><a href="#">图书</a></li>
    <li><a href="#">个人</a></li>
    <li class="dropdown">
        <a href="#" class="dropdown-toggle" data-toggle="dropdown">其他
            <span class="caret"></span>
        </a>
        <ul class="dropdown-menu ">
            <li><a href="#">收藏  </a></li>
            <li><a href="#">关于我们</a></li>
            <li><a href="#">联系卖家</a></li>
            <li><a href="#">退换货</a></li>
        </ul>
    </li>
</ul>
```

在浏览器中的显示效果如图 3.17 所示。

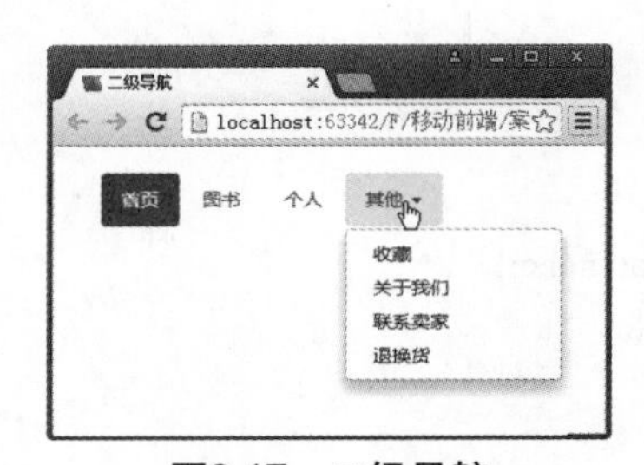

图3.17 二级导航

无论是.nav-tabs 还是.nav-pills 样式的导航，都可以通过附加一个.pull-left 或是.pull-right 样式，来控制整个导航向左还是向右浮动。

3.4.2 导航栏

导航栏（Navbar）是一个很好的功能，是 Bootstrap 网站的一个突出特点，在应用或网

站中作为导航页头的响应式基础组件。导航栏在移动设备的视图中是折叠的，随着可用视口宽度的增加，导航栏会水平展开。接下来看看导航栏中能放置哪些元素。

1. 默认导航栏

默认导航栏是在普通导航的基础上改进实现的，不过实现原理却不像想象中那么简单。先看一个普通的例子，首先在普通导航的 ul 元素上应用.navbar-nav 样式，然后在父级容器上应用.navbar 样式。具体代码如示例 8 所示。

示例 8

```
<nav class="navbar navbar-default" role="navigation">
    <div class="navbar-header">
        <a href="#" class="navbar-brand">LOGO</a>
    </div>
    <ul class="nav navbar-nav ">
        <li  class="active"><a href="#">主页</a></li>
        <li><a href="#">微博</a></li>
        <li><a href="#">图书</a></li>
    </ul>
</nav>
```

在浏览器中的显示效果如图 3.18 所示。

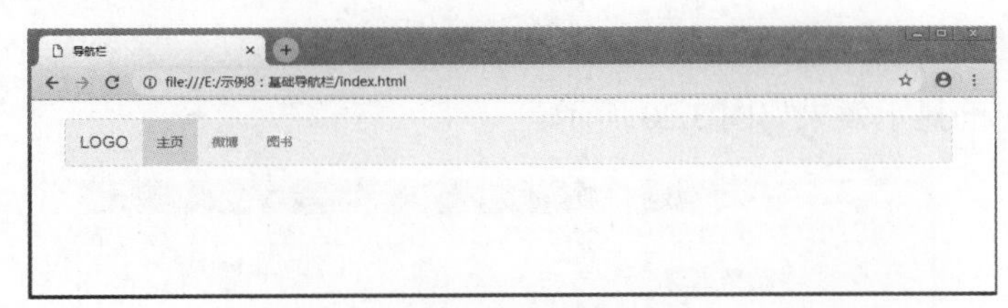

图3.18　默认导航栏

示例 8 中，navbar-brand 样式表示该元素是导航栏的名称，起到提醒的作用。在代码中，nav、navbar、navbar-nav 是控制大小、内外边距、行距的样式，而颜色则是由 navbar-default 和 navbar-inverse 样式控制的。如果将示例 8 中，navbar-default 改为 navbar-inverse，具体显示效果如图 3.19 所示，可以看到导航栏的背景颜色、字体颜色和图 3.18 所示的相反，所以叫反色导航栏。

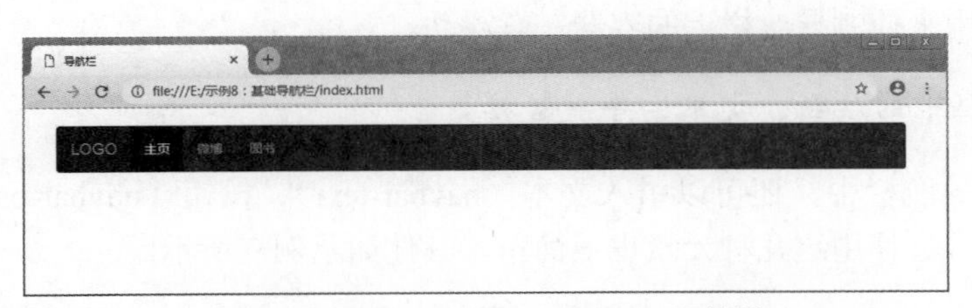

图3.19　反色（navbar-inverse）导航栏

示例中每个样式的具体源码可以参考 bootstrap.css 源码进行查询。如果颜色或边距不符合要求，可以根据自己的实际情况添加一些 CSS 代码从而覆盖默认样式。

提示

若要增强可访问性，可以给每个导航条加上 role="navigation"。role 是扮演什么角色或表示什么功能的意思，在 Bootstrap 中可以增强网页的可访问性。

2. 导航栏中的表单

有的导航栏中还有表单元素，如搜索框等。Bootstrap 专门提供了一个附加样式.navbar-form 来满足这个需求。

使用的时候，在.navbar 容器内放置 form 元素，然后在 form 元素上应用.navbar-form 样式。如果想要控制左右浮动，可以使用.navbar-left 和 navbar-right 样式。在示例 8 的基础上添加表单元素，具体代码如下所示。

```
<nav class="navbar navbar-default" role="navigation" >
<!--此处省略了导航的内容-->
    <form class="navbar-form navbar-right" role="search">
        <div class="form-group">
            <input type="text" class="form-control" placeholder="Search">
        </div>
        <button type="submit" class="btn btn-primary">搜索</button>
    </form>
</nav>
```

在浏览器中的显示效果如图 3.20 所示。

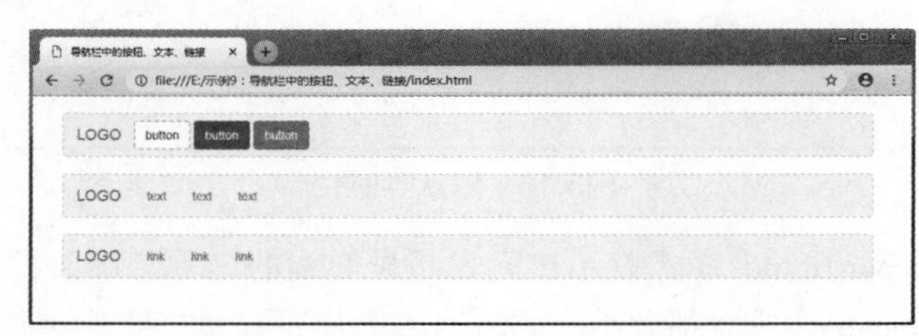

图3.20 导航栏中包含表单元素

navbar-form 主要用来控制表单元素的内外边距，需要注意的是，当浏览器宽度大于 768px 的时候，表单元素是以行内块元素（inline-block）显示的。navbar-right 与 navbar-left 则是对应的，用来控制导航栏上的容器左右浮动。

3. 导航栏中的按钮、文本、导航链接

在普通的导航栏中，还可以引入文本（navbar-text）、按钮（navbar-btn）和普通链接（navbar-link）等。使用这几种元素也很简单，具体如示例 9 所示。

示例 9

```
<nav class="navbar navbar-default ">
    <div class="navbar-header">
        <a href="#" class="navbar-brand">LOGO</a>
```

```
        </div>
        <div class="nav navbar-nav">
            <button class="btn btn-default navbar-btn">button</button>
            <button class="btn bg-primary navbar-btn">button</button>
            <button class="btn btn-success navbar-btn">button</button>
        </div>
    </nav>
    <nav class="navbar navbar-default ">
        <div class="navbar-header">
            <a href="#" class="navbar-brand">LOGO</a>
        </div>
        <div class="nav navbar-nav">
            <p class="navbar-text">text</p> <!--    navbar-text-->
            <p class="navbar-text">text</p>
            <p class="navbar-text">text</p>
        </div>
    </nav>
    <nav class="navbar navbar-default ">
        <div class="navbar-header">
            <a href="#" class="navbar-brand">LOGO</a>
        </div>
        <div class="nav navbar-nav">
            <a href="#" class="navbar-link">link</a> <!--    navbar-link-->
            <a href="#" class="navbar-link">link</a>
            <a href="#" class="navbar-link">link</a>
        </div>
    </nav>
```

在浏览器中的显示效果如图 3.21 所示。

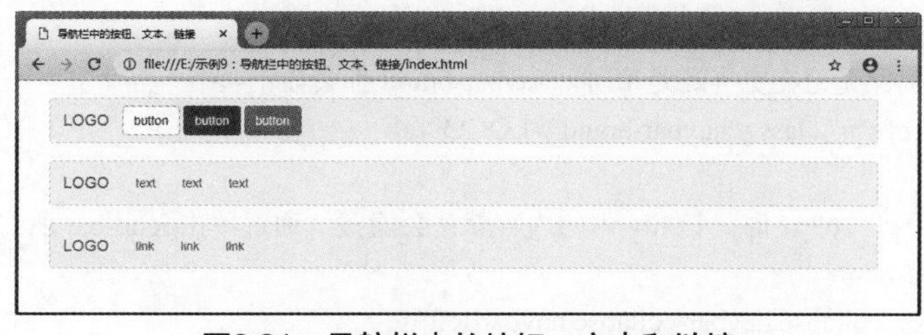

图3.21 导航栏中的按钮、文本和链接

从图 3.1 中可以发现，导航栏中的按钮和文本显示正常，没什么问题，可是链接就有问题了，文字排版太靠上，主要是因为没有设置 padding 值。解决办法就是在 navbar-link 样式上再应用 navbar-text 样式就可以了。

4. 固定到顶部或底部

很多情况下，设计人员都想让导航栏固定在某个位置上，比如最顶部或是最底部。Bootstrap 提供了两个强有力的样式来支持这一特性，分别是：navbar-fixed-top 支持最顶部固定，.navbar-fixed-bottom 支持最底部固定。使用方法如下所示。

```
<!—顶部固定-->
<nav class="navbar navbar-default navbar-fixed-top">…</nav>
<!—底部固定-->
<nav class="navbar navbar-default navbar-fixed-bottom">…</nav>
```

这个功能的实现很好理解，就是利用 position 属性为 fixed（固定定位）的特性，再设置元素容器的 top 或者 bottom 值为 0 即可。

5. 响应式导航栏

导航栏默认情况下都是全屏（100%）显示的，通常都会有很多菜单项，以至于在小屏幕下会显示不完全，或者排版很乱。结合以往的上网经验，可以知道并非大屏幕浏览器下导航栏的所有内容都需要在小屏幕浏览器上显示，有些内容可以省略或者隐藏起来，当单击某个按钮的时候再出现。

基于这样的需求，Bootstrap 提供了响应式导航栏。浏览器的分界点是 768px。在小于 768px 的时候，所有菜单项默认会隐藏，单击右边的图标，所有默认的菜单项又会展示出来。具体的使用方法如示例 10 所示。

示例 10

```
<nav class="nav navbar-inverse">
    <div class="navbar-header">
        <!--navbar-toggle 样式用于收缩的内容，即 nav-collapse collapse 样式所在的元素-->
        <button    class="navbar-toggle" data-toggle="collapse"
data-target=".navbar-collapse" >
            <span class="icon-bar"></span>
            <span class="icon-bar"></span>
            <span class="icon-bar"></span>
            <span class="icon-bar"></span>
        </button>
        <!--确保无论在宽屏还是窄屏，navbar-brand 都会显示-->
        <a href="#" class="navbar-brand">LOGO</a>
    </div>
    <!--屏幕宽度小于 768px 时，该 div 内的内容默认会隐藏（通过单击 icon-bar 所在的图标可以展开），
大于 768px 时默认显示-->
    <div class="collapse navbar-collapse navbar-left">
        <ul class="nav navbar-nav ">
            <li><a class="active" href="#">首页</a></li>
            <li><a href="#">图书 </a></li>
            <li><a href="#">作品 </a></li>
            <li><a href="#">展览 </a></li>
            <li><a href="#">关于我们 </a></li>
        </ul>
    </div>
    <form class="navbar-form navbar-right" role="search">
```

```
        <div class="form-group">
            <input type="text" class="form-control" placeholder="Search">
        </div>
        <button type="submit" class="btn btn-default">搜索</button>
    </form>
</nav>
```

在大于 768px 的浏览器下的显示效果如图 3.22 所示，小于 768px 时的默认状态如图 3.23 所示，单击图标后的显示效果如图 3.24 所示。

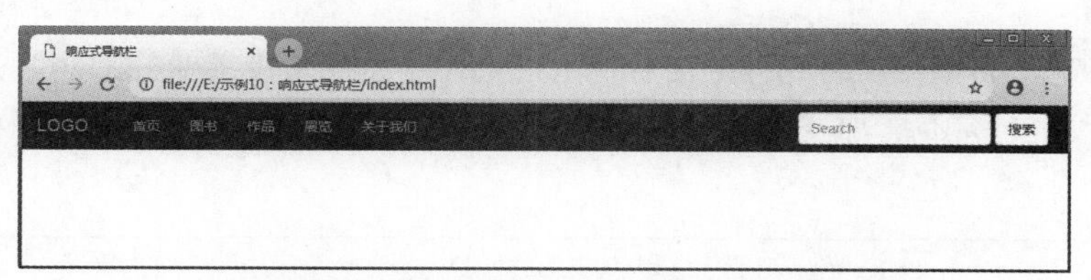

图3.22　在大于768px浏览器下导航栏的显示效果

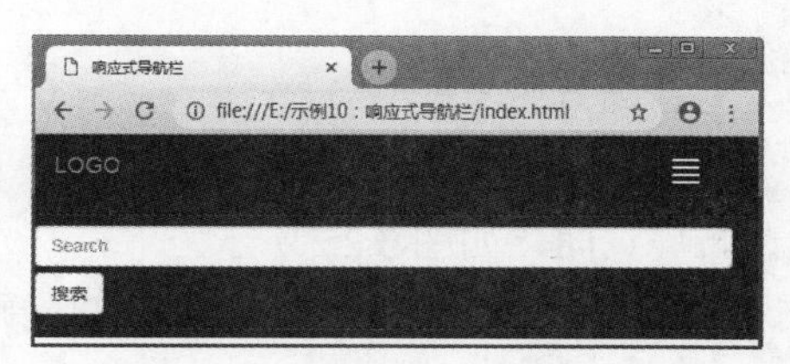

图3.23　在小于768px浏览器下导航栏的默认显示效果

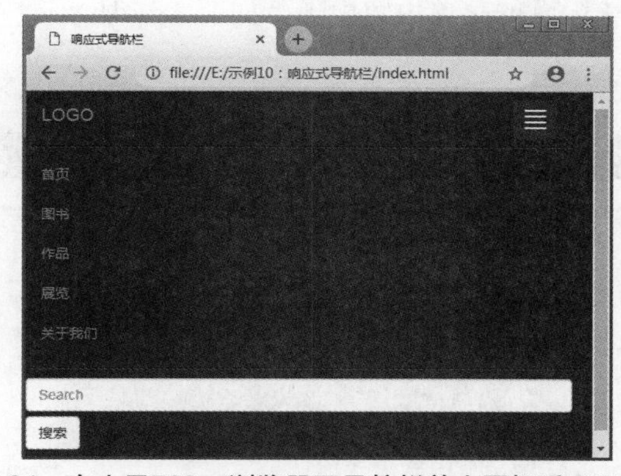

图3.24　在小于768px浏览器下导航栏单击图标后显示效果

在小屏幕浏览器下显示，如果觉得不符合实际要求的话，可以手动定义 CSS 样式，以覆盖原来的样式。比如希望在小屏幕下不显示搜索框。代码如下。

```
@media (max-width: 768px) {
    form{display: none; }
}
```

在小于 768px 的浏览器下可以发现表单的搜索框和按钮都不见了。

接下来分析示例 10 中需要注意的点。

（1）toggle 图标，即右上角的 button 图标（icon）必须包含在.navbar-toggle 样式里。浏览器屏幕在大于 768px 的时候这个图标是不显示的。

（2）从上面的图中可以看出，在窄屏下，默认隐藏收缩的代码都在一个样式为.navbar-collapse 的 collapse 中。应用 collapse 后，演示的容器默认会隐藏。

（3）在浏览器屏幕小于 768px 的情况下，collapse 中的内容默认是隐藏的，需要单击 toggle 图标才会出现。关键代码就是 data-toggle="collapse"，本质上是调用了 JavaScript 中的 collapse 插件（会在后以章节中讲解），在这个插件里已经封装好了功能，所以可以直接调用。

注意

示例中 HTML 里的 toggle 图标的 data-target 属性值设置为.navbar-collapse，表示使用样式进行定位，即查找父容器下的子元素，如果有 navbar-collapse 样式，就进行切换。

3.4.3 上机训练

上机练习 2——制作课工场响应式导航栏

制作如图 3.25 至图 3.27 所示的课工场响应式导航栏，要求如下。

（1）使用响应式导航栏布局页面，如图 3.25 所示。

（2）当浏览器宽度小于 768px 时，表单里的搜索框和按钮隐藏，具体显示效果如图 3.26 所示。

（3）单击图标使原来隐藏的菜单内容出现，如图 3.27 所示。

图3.25 浏览器宽度大于768px时的显示效果

图3.26 浏览器宽度小于768px时的默认显示效果

图3.27 浏览器宽度小于768px时单击图标显示效果

提示

学员后面的 new 图标的实现方式如下：<span style="margin-left:6px;" class="label label-danger">new</span></a>。

任务 5 使用缩略图

在实际的网页中，经常看到有图文上下排列的有序列表，如图 3.28 所示。在 Bootstrap 中专门为这样的布局定制了缩略图组件。使用.thumbnail 样式，就可以把图像、文字或是视频展示得更加漂亮。具体的使用方法如示例 11 所示。

图3.28 视频播放列表

示例 11

```
<div class="row">
    <div class="col-md-2 col-xs-6">
        <a class="thumbnail" href="#">
            <img src="image/img1.jpg" alt=""/>
        </a>
    </div>
......
</div>
```

在中等屏幕浏览器中的显示效果如图 3.29 所示。在超小屏幕浏览器中的显示效果如图 3.30 所示。

图3.29 中等屏幕缩略图显示效果

通过上述代码可以看出，缩略图配合栅格系统一起使用，在.thumbnail 中就是设置了图片的边距和圆角边框，最主要的是让图片在父级内 100%填充。这样再放入栅格的列里面，就会随着屏幕的变化而变化。

图3.30　超小屏幕缩略图显示效果

上面是仅有图片的情况，实际网页中一般还会有文字或按钮等内容，在示例 11 的基础上进行修改，如下所示。

```
<div class="row">
    <div class=" col-md-3 col-xs-6">
        <div class="thumbnail">
            <img src="image/img1.jpg" alt="">
            <div class="caption">
                <h3>左耳</h3>
                <p>放肆青春掀全民追忆</p>
                <p>
                    <a href="#" class="btn btn-primary" role="button">播放</a>
                    <a href="#" class="btn btn-default" role="button">下载</a>
                </p>
            </div>
        </div>
</div>
……
```

在中等屏幕浏览器中的显示效果如图 3.31 所示。在超小屏幕浏览器中的显示效果如图 3.32 所示。

图3.31　中等屏幕带有文字的缩略图

图3.32　超小屏幕带有文字的缩略图

可以在.caption 样式的元素容器内添加任意风格的元素，比如按钮、链接、标题、段落等，直接使用即可，不需要特别添加其他样式。如果和需求不一致，可以手写 CSS 代码以覆盖原来的样式。

任务 6 使用媒体对象

媒体对象是一个抽象的样式，用来构建不同类型的组件，这些组件都具有在文本内左对齐或右对齐的图片（就像博客评论或 Twitter 消息等）。

默认样式的媒体对象是在内容区域的左侧或右侧展示一个媒体内容（图片、视频、音频）。具体的使用方法如示例 12 所示。

示例 12

```
<div class="media">
    <div class="media-left">
        <a href="#">
            <img class="media-object" src="image/pic-samll.jpg" alt="...">
        </a>
    </div>
    <div class="media-body">
        <h4 class="media-heading">谁在制造下跌，散户何去何从</h4>
        <p>大盘分时不断在筑底过程中下跌，每一次有 W 底之意的形态上，最终迎来的都是坡位
下行。虽然周末央企改革事宜进行了公布，但这种利好只在开盘的第一个动作中有所体现。</p>
        <small>5 分钟前/股市</small>
        <small> 评论 | 分享 </small>
    </div>
</div>
```

在浏览器中的显示效果如图 3.33 所示。

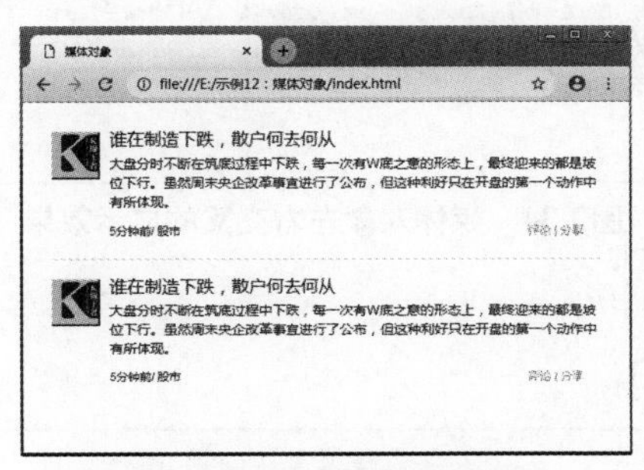

图3.33 媒体对象的显示效果

媒体对象的样式主要是设置各个样式的间距大小和左右浮动。在实际的应用中会发现，

有的时候图片和文字位置是左右交叉的。在 Bootstrap 中可以使用.media-left 和.media-right 来调整位置。在示例 12 的基础上修改代码如下所示。

```
<div class="media">
    <div class="media-left">
        <img class="media-object" src="image/pic-samll.jpg" alt="">
    </div>
    <div class="media-body">
        <h4 class="media-heading">谁在制造下跌，散户何去何从</h4>
        <p>大盘分时不……</p>
        <small>5 分钟前/ 股市</small>
        <small > 评论 | 分享 </small>
    </div>
</div>
<div class="media">
    <div class="media-body text-right">
        <h4 class="media-heading">在制造下跌，散户何去何从</h4>
        <p class="pull-right">大盘分时不……</p>
        <small>5 分钟前/ 股市</small>
        <small> 评论 | 分享 </small>
    </div>
    <div class="media-right">
        <img class="media-object" src="image/pic-samll.jpg" alt="">
    </div>
</div>
```

在浏览器中的显示效果如图 3.34 所示。

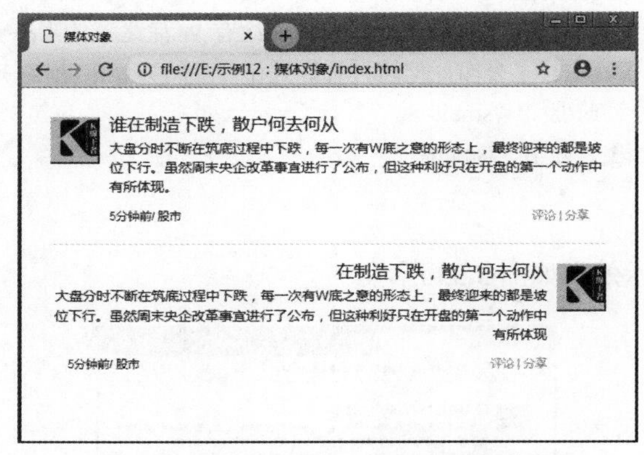

图3.34　媒体对象左右交叉的显示效果

任务 7　使用列表组

列表组是灵活而强大的组件，不仅能用于显示一组简单元素，还能用于定制复杂的内容。大部分列表都是使用 ul/li 来实现的，然后添加特定的样式。基础列表组的使用方法如示例 13 所示。

示例 13

```
<ul class="list-group">
    <li class="list-group-item ">同桌的你</li>
    <li class="list-group-item ">花样年华</li>
    <li class="list-group-item">甜蜜蜜</li>
    <li class="list-group-item">向天再借五百年</li>
</ul>
```

在浏览器中的显示效果如图 3.35 所示。该列表组是可伸缩的，会随浏览器宽度的变化而变化。

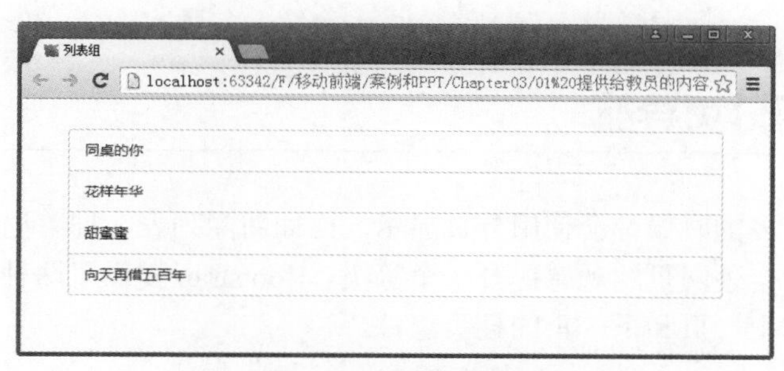

图3.35　基础列表组

从示例 13 可以看到，基本列表组使用了两个样式：list-group 和 list-group-item。主要作用就是设置基本的显示和布局内容，如间距、上下圆角、背景等。

有的列表上会显示消息条数或是向右的小箭头等标记。在基础列表组上添加上述标记的具体实现方式如下所示。

```
<ul class="list-group">
    <li class="list-group-item active ">同桌的你
        <!--徽章图标-->
        <span class="badge">12</span>
    </li>
    <!--list-group-item-success 带有样式的列表-->
    <li class="list-group-item list-group-item-success">花样年华
        <span class="badge">5</span>
    </li>
    <li class="list-group-item">甜蜜蜜
        <span class="badge">8</span>
    </li>
    <li class="list-group-item">向天再借五百年</li>
</ul>
```

在浏览器中的显示效果如图 3.36 所示。

在 span 元素上添加 badge 可以显示徽章图标。实现原理是在图标上设置浮动方向及右间距。需要注意的是，向右的小箭头是 V2 版本的，在 V3 版本中已经去除。如果要使用可以找到相关源码移植过来，此处不再去应用。

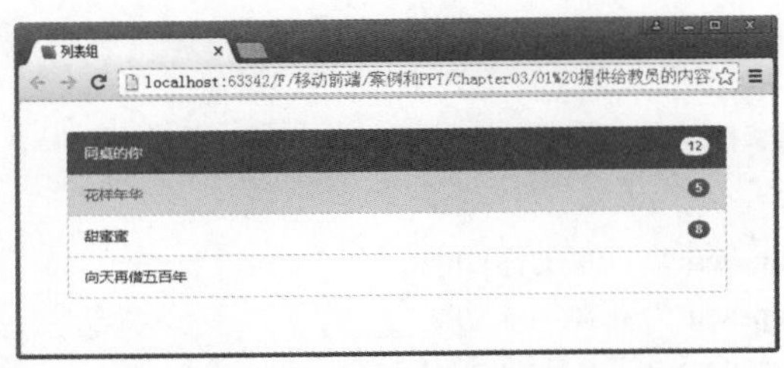

图3.36　带徽章的列表

由上述代码可以发现，使用了 list-group-item-success 这样带有各种颜色背景的列表，同时也支持高亮样式 active。其他的颜色背景值还有 list-group-item-info、list-group-item-warning、list-group-item-danger。使用方法和 list-group-item-success 一样。

任务 8　使用分页导航

当网页内容很多的时候都会使用分页显示，比如新闻列表、订单记录等。一个用户体验良好的分页组件会使网页的观感提升一个等级。Bootstrap 提供了两种分页组件：带多个页面的组件、只有上一页和下一页的翻页组件。

3.8.1　分页（Pagination）

通常见到的分页都是中间显示页码，两端分别是上一页和下一页的链接。分页的HTML代码样式设置很简单，只需要在 ul 上设置 pagination 样式即可。具体使用如示例 14 所示。

示例 14

```
<ul class="pagination">
      <!--disabled 禁用状态-->
       <li class="disabled"><a href="#">&laquo;</a></li>
      <!--active 当前页-->
      <li class="active"><a href="#">1</a></li>
      <li><a href="#">2</a></li>
      <li><a href="#">3</a></li>
      <li><a href="#">4</a></li>
      <li><a href="#">5</a></li>
      <li><a href="#">&raquo;</a></li>
</ul>
```

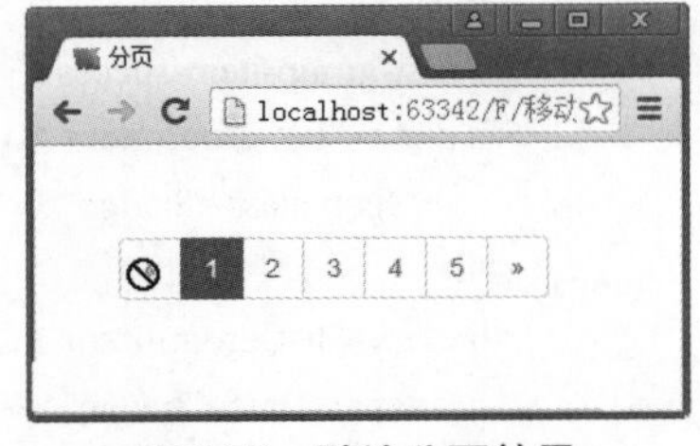

图3.37　默认分页效果

在浏览器中的显示效果如图 3.37 所示。

实现的原理是首先把所有的 li 设置为内联元素并且设置边框，然后把第一个元素和最后一个元素设置成圆角。

active 表示当前的高亮选项，而 disabled 表示禁用状态。分页导航还支持不同尺寸，pagination-lg 和 pagination-sm 分别表示大尺寸的分页导航和小尺寸的分页导航。

3.8.2　翻页（Pager）

在一些简单的网站（比如博客、杂志）上一般不会显示很多的页码，而是使用上一页和下一页这样的简单分页方法。实现起来非常简单，具体代码如下所示。

```
<ul class="pager">
    <li><a href="#">上一页</a></li>
    <li><a href="#">下一页</a></li>
</ul>
```

默认情况下，翻页导航是居中显示的，如图 3.38 所示。

图3.38　默认翻页效果

如果需要将两个按钮分开，在两端对齐，则需要在按钮 li 上分别添加 previous 和 next 样式，具体代码如下所示。

```
<ul class="pager">
    <li class="previous  disabled"><a href="#">上一页</a></li>
    <li class="next"><a href="#">下一页</a></li>
</ul>
```

在浏览器中的显示效果如图 3.39 所示。

图3.39　两端对齐的翻页效果

实现原理很简单，就是使用左浮动和右浮动。同时也可以使用.pull-left 和.pull-right 来实现，效果和原理是一样的。

提示

分页组件中除了可以使用 a 元素，还可以使用 span 元素，效果是一样的。

3.8.3　上机训练

上机练习 3——制作优酷视频列表

制作如图 3.40 和图 3.41 所示的优酷视频列表，要求如下。

（1）使用栅格系统布局页面结构，需要支持不同尺寸的屏幕。

（2）使用缩略图组件制作图文混合的视频列表。

（3）字体大小、颜色请参考上机素材。

图3.40　优酷视频列表（1）

图3.41　优酷视频列表（2）

本章作业

一、选择题

1．下列选项中，关于图标组件说法不正确的是（　　）。

A．所有的 icon 图标都以 glyphicon-开头

B．图标都由 http:// glyphicons.com/网站提供

C．icon 免费授权给 Bootstrap 框架，所以可以随意免费使用所有图标

D．图标类不能和其他组件直接联合使用，它们不能在同一个元素上与其他类并存，应该创建一个嵌套的 span 元素，将图标应用到这个 span 上

2．在 Bootstrap 中，有哪几种导航（　　）。（选两项）

A．选项卡导航　　　　B．胶囊式导航

C．平行式导航　　　　D．翻转式导航

3．下面关于导航栏说法不正确的是（　　）。

A．普通导航栏是在普通导航的 ul 元素上应用.navbar-nav 样式，然后在父级容器上应用.navbar 样式

B．navbar-brand 样式表示该元素是导航栏的名称，起到提醒的作用

C．navbar-right 与 navbar-left 用来控制导航栏上的容器左右浮动

D．响应式导航栏屏幕的分界点是 760px

4．对下面代码<div class="col-md-2 col-xs-6"><a class="thumbnail" href="#"><img src="image/img1.jpg" alt=""/></a></div>描述正确的是（　　）。

A．在中等屏幕下，使用缩略图组件每行可以排 2 张图片，超小屏幕下每行可以排 6 张图片

B．在中等屏幕下，使用缩略图组件每行可以排 6 张图片，超小屏幕下每行可以排 2 张图片

C．在中等屏幕下，使用缩略图组件每行可以排 4 张图片，超小屏幕下每行可以排 3 张图片

D．在大等屏幕下，使用缩略图组件每行可以排 6 张图片，小屏幕下每行可以排 2 张图片

5．下面哪个样式表示的是列表组（　　）。

A．.list-group　　　　B．.list-group-item

C．.list　　　　D．.list-group-item-heading

二、简答题

1．如何实现导航栏顶部固定或底部固定？原理是什么？

2．如何实现带徽章的列表组？

3．使用响应式导航栏组件、下拉菜单组件和图标组件制作美联英语在线 VIP 响应式导航。页面效果如图 3.42 至图 3.44 所示。

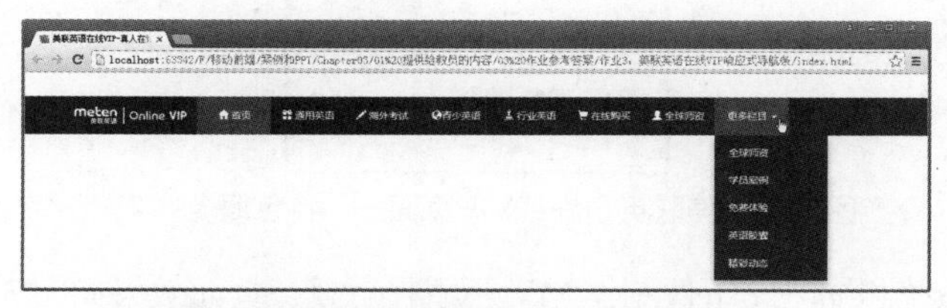

图3.42　美联英语在线VIP响应式导航（1）

图3.43　美联英语在线VIP响应式导航（2）

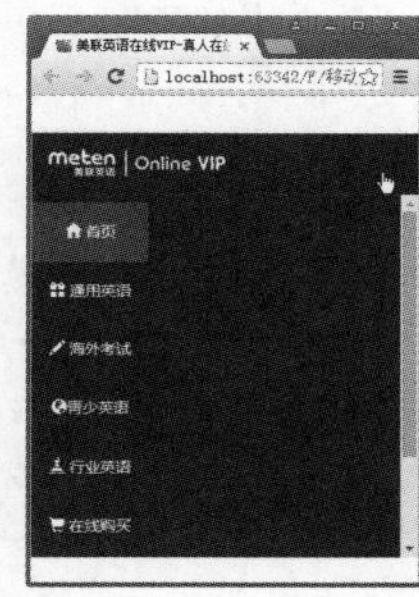

图3.44　美联英语在线VIP响应式导航（3）

4．使用媒体对象组件制作美联英语在线 VIP 页面——特色服务。页面效果如图 3.45 和图 3.46 所示。

图3.45　美联英语在线VIP页面——特色服务（1）

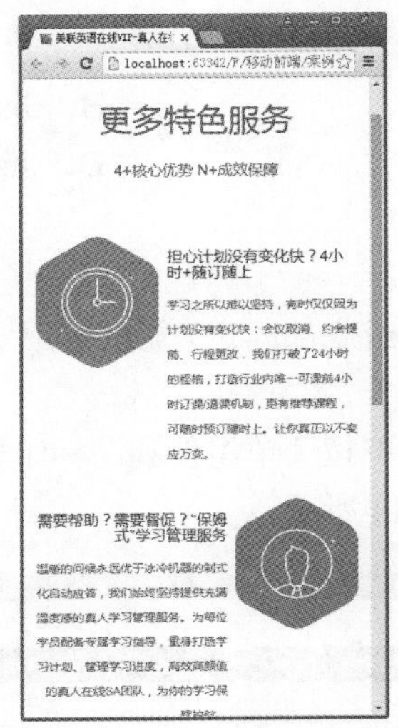

图3.46　美联英语在线VIP页面——特色服务（2）

5．使用栅格系统和缩略图组件制作 MV 下载排行榜。页面效果如图 3.47 和图 3.48 所示。

图3.47　MV下载排行榜（1）

图3.48　MV下载排行榜（2）

第 4 章

Bootstrap JavaScript 插件

本章任务

任务 1：认识 JavaScript 插件
任务 2：实现动画过渡效果
任务 3：使用 Modal 插件实现模态框效果
任务 4：使用 Tab 插件实现选项卡效果
任务 5：使用 Carousel 插件实现轮播图
任务 6：使用 ScrollSpy 插件实现滚动监听
任务 7：Bootstrap 总结

技能目标

❖ 掌握 Modal 插件的使用
❖ 掌握使用 Tab 插件制作页面的选项卡
❖ 掌握 Carousel 插件的使用

本章知识梳理

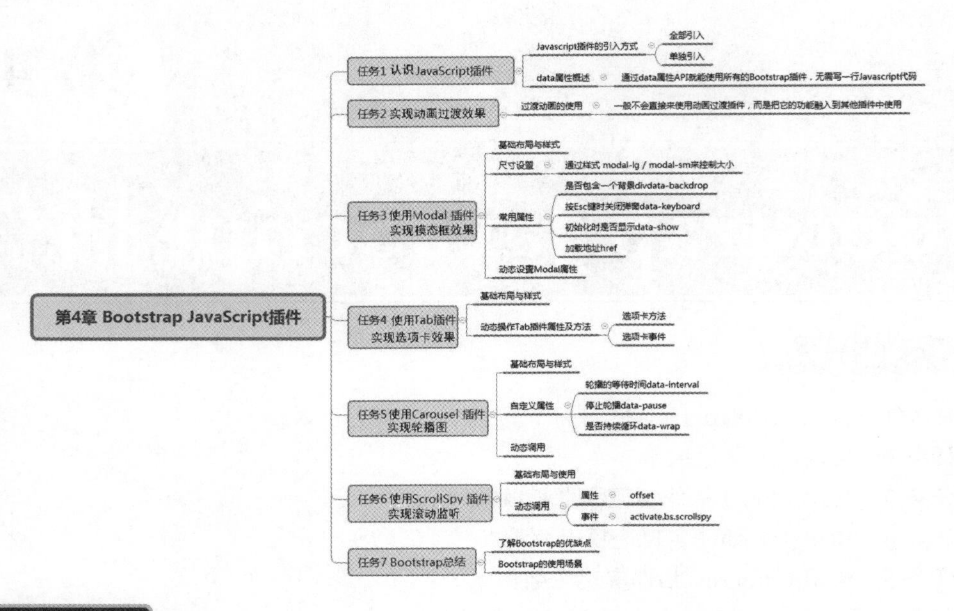

本章简介

从前面介绍的 Bootstrap 整体架构中已经了解到 JavaScript 插件是依托在 jQuery 基础之上的，所以使用它的前提是必须先引入 jQuery 库。有了 JavaScript 插件后就可以套用通用的 HTML 格式实现炫酷的交互特效，原因是 Bootstrap 的 JavaScript 已经封装了很多常用插件。

本章主要内容包括动画过渡（Transition）、模态框（Modal）、下拉菜单（Dropdown）、选项卡（Tab）、旋转轮播（Carousel）和滚动监听（Scrollspy）等插件的使用及其应用场景。学习完这些插件后就可以快速制作出绚丽的页面特效。

预习作业

简答题

（1）Bootstrap 有哪些常用插件？

（2）动画过渡插件应用在其他哪些插件中？

任务 1 认识 JavaScript 插件

4.1.1 JavaScript 插件的引入方式

在前面章节曾介绍过，在 HTML 中引入 bootstrap.js 文件或 bootstrap.min.js 文件即可使用 Bootstrap 的 JavaScript 插件。Bootstrap 提供了 12 种 JavaScript 插件，引入 bootstrap.js

文件就意味着这 12 种插件都引入到页面中了，随便哪个都可以使用。还有一种引入方式，就是单个引入 JavaScript 插件。

在官网下载 Bootstrap 的时候如果选择源码下载，里面会有一个 js 文件夹，打开后如图 4.1 所示，里面有单个的 JavaScript 插件文件，针对实际情况可以用到哪个引入哪个。

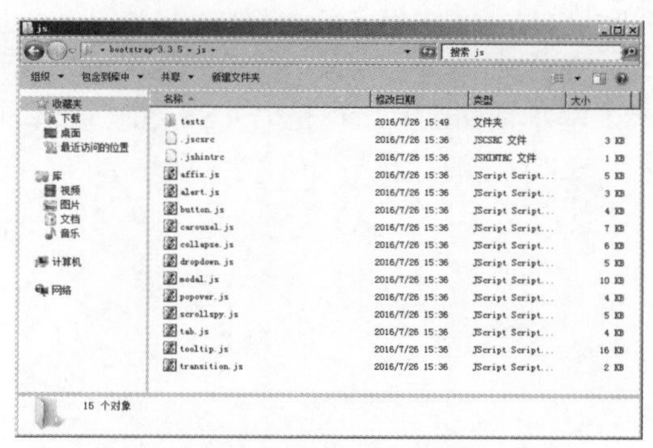

图4.1　单个JavaScript插件文件结构

4.1.2　data 属性概述

前面曾提到过使用 Bootstrap 中的 JavaScript 插件只通过 HTML 代码就能实现具有 JavaScript 特性的功能。并不是 HTML 有这个能力，而是 Bootstrap 通过 JavaScript 和 jQuery 封装出相应的插件，开发人员按照规范去使用就可以了。

> **提示**
>
> 本章讲解的是 Bootstrap 中的 JavaScript 插件，后续内容中直接简称为 JavaScript 插件。

最重要的就是 data 属性。还记得上一章的下拉菜单组件吗？并没有写 JavaScript 代码，可是运行时仍然具有下拉的功能，这里主要是使用了 data-toggle 属性。那么 data 属性到底是什么呢？

data 属性 API 是 Bootstrap 中的一等 API，仅仅通过 data 属性 API 就能使用所有的 Bootstrap 插件，而无需写一行 JavaScript 代码。这也是首选的使用方式。

如果不需要 data 属性的时候也可以将其关闭，如下所示：

```
$(document).off('.data-api');
```

此外，如果是要关闭某个特定的插件，只需要在 data-api 前面添加插件名作为命名空间即可，具体如下所示。

```
$(document).off('.alert.data-api');
```

任务 2　实现动画过渡效果

Bootstrap 的动画过渡效果全部使用的是 CSS3 语法，所以 IE6～IE8 是不能使用过渡效

果的。在使用的时候可以单独引入 transition.js。值得一提的是，在 Bootstrap 中一般不会直接使用动画过渡插件，而是将其功能融入到其他插件中使用。比如：

➢ 模态框（Modal）的滑动和渐变效果。
➢ 选项卡（Tab）的渐变效果。
➢ 旋转轮播（Carousel）的滑动效果。

动画过渡效果不是一个标准的插件，而是一个判断动画的工具方法。transition.js 是针对 transitionEnd 事件的一个基本辅助工具，也是对 CSS 过渡效果的模拟。其他插件用它来检测当前浏览器是否支持 CSS 的过渡效果。如示例 1 所示。

示例 1

```
<!—省略部分代码-->
<style>
    #div1{
        width:100px;
        height: 100px;
        background: red;
        transition: all 3s ;
    }
    #div1:hover{
        background: green;
    }
</style>
</head>
<body>
    <div id="div1"></div>
    <script src="js/jquery-1.12.4.js"></script>
    <script src='js/transition.js'></script>
    <script>
    var div = document.getElementById('div1');
    div.addEventListener('transitionend',function(e){
        alert("浏览器支持过渡效果");
    })
    </script>
</body>
```

在浏览器中的显示效果如图 4.2 所示。当页面中的 div 元素完成了颜色的动画过渡后就执行 transitionend 事件，可以用它来做些判断。

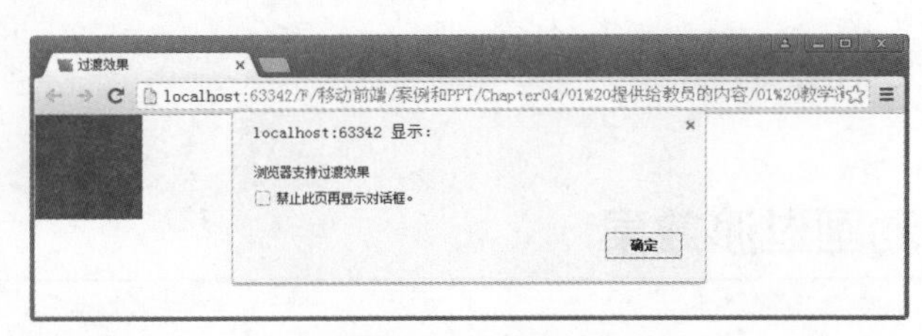

图4.2　过渡效果检测

经验

一般不会直接使用 transition 插件，在后面使用到它的时候再进行介绍。如果需要引入单个 JavaScript 插件，用到 transition 功能的插件必须提前引入 transition.js，这样在引入其他插件时才可以使用。在实际开发中推荐直接引入 Bootstrap.min.js。

任务 3　使用 Modal 插件实现模态框效果

模态框（Modal）是绝大部分网站需要的交互式功能，它能更加灵活地以对话框的形式出现，具有最小和最实用的功能集。前面说过，仅仅通过 data 属性 API 就能使用所有的 Bootstrap 插件，而无须写一行 JavaScript 代码。那么怎样布局网页结构呢？下面来介绍模态框的 HTML 结构布局格式。

4.3.1　基础布局与样式

默认的模态框的基本结构包括模态框的头部（标题和关闭符号）、中间主体部分和底部（操作按钮），具体显示如图 4.3 所示。输入框组件是通过在文本输入框（input）的前面、后面或是两边加上文字或按钮实现的。使用输入框组件也很简单，只需要在容器上应用.input-group 样式，然后对需要在 input 前后显示的个性元素应用.input-group-addon 样式即可。

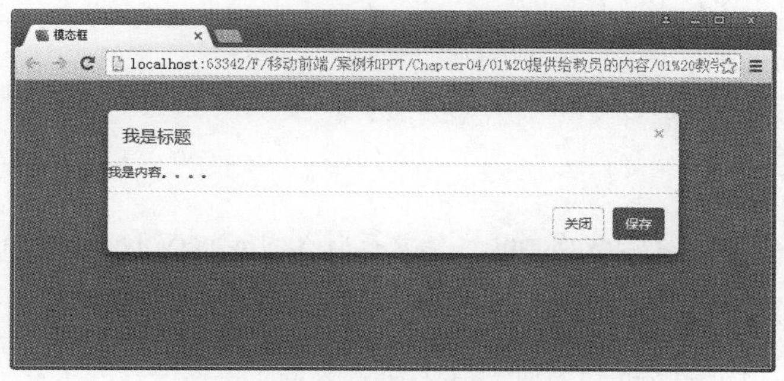

图4.3　普通的模态框

那么 HTML 代码是如何实现的呢？如示例 2 所示。

示例 2

```
<div id="mymodal" class="modal fade">
<div class="modal-dialog">
    <div class="modal-content">
            <div class="modal-header">
                <button class="close" data-dismiss="modal">&times;
</button>
```

```
                <h4 class="modal-title">我是标题</h4>
            </div>
            <div class="media-body">
                <p>  我是内容。。。。</p>
            </div>
            <div class="modal-footer">
                <button class="btn btn-default" data-dismiss="modal">关闭</button>
                <button class="btn btn-primary">保存</button>
            </div>
        </div>
    </div>
</div>
```

注意

（1）不要在一个模态框上重叠另一个模态框，要想同时支持多个模态框，需要自己写额外的代码来实现。

（2）一定要将模态框的 HTML 代码放在文档的最高层内（尽量作为 body 标签的直接子元素），以避免其他组件影响模态框的展现和功能。

如果按照这个示例去演示，页面上是不会出现如图 4.3 所示的弹出框的。结合自己的上网经历就能知道，这样的弹出框一般是需要单击某个按钮触发的。如果希望直接打开页面就能弹出的话，需要借助 JavaScript，具体代码如下所示。

```
<script>
    //默认弹出（激活模态框）
    $('.modal').modal();
</script>
```

提示

前提是必须把这段 JavaScript 代码放在引入的 jQuery 和 Bootstrap.js 文件后面。

modal 样式作用于整个背景容器，100%充满全屏，支持在移动设备上使用触摸方式进行滚动。在 modal 充满全屏的情况下，默认在其内部放置了宽度自适应、左右水平居中的 modal-dialog 样式的 div 容器。modal-content 样式主要是设置模态框的边框、边距、背景色、阴影效果等效果，fade 样式则是给模态框增加淡入淡出的过渡效果。

在实际的网页中通过某个按钮触发弹出模态框的情况也很多。具体的实现方式只需要在示例 2 的基础上做如下修改。

```
<button class="btn btn-primary" data-toggle="modal" data-target="#mymodal">单击按钮触发模态框2</button>
```

如果用按钮触发，可以把$('.modal').modal()去掉。此时单击按钮也会弹出模态框，如图 4.4 所示。

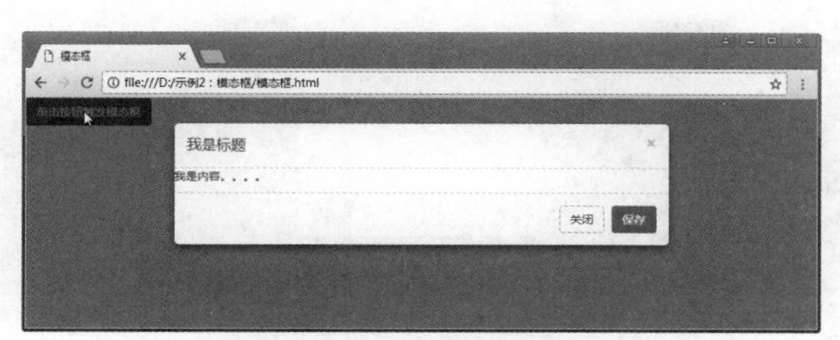

图4.4　按钮触发模态框

从上面的代码中可以看出，按钮触发只是添加了两个自定义属性：data-toggle 和 data-target，就可以调用模态框插件中封装好的方法来实现相应的功能。同理，data-dismiss="modal"有关闭模态框的功能。

除了使用 button 作为按钮外，还可以使用 a 标签作为按钮，具体使用方法如下。

```
<a href="#mymodal" class="btn btn-primary" data-toggle="modal">单击按钮触发弹框</a>
```

4.3.2　尺寸设置

同按钮或其他组件一样，模态框也可以设置大小尺寸。具体使用如示例 3 所示。

示例 3

```
<a href="#mymodal1" class="btn btn-primary" data-toggle="modal">大尺寸模态框</a>
<a href="#mymodal2" class="btn btn-primary" data-toggle="modal">小尺寸模态框</a>
<!--弹出的大模态框-->
<div id="mymodal1" class="modal fade bs-example-modal-lg">
    <div class="modal-dialog modal-lg">
     ……
    </div>
</div>
<!--弹出的小模态框-->
<div id="mymodal2" class="modal fade bs-example-modal-sm">
    <div class="modal-dialog modal-sm">
      ……
    </div>
</div>
```

在浏览器中单击“大尺寸模态框”按钮时弹出的模态框如图 4.5 所示。单击“小尺寸模态框”按钮时弹出的模态框如图 4.6 所示。

图4.5　大尺寸模态框

图4.6 小尺寸模态框

4.3.3 常用属性

使用data属性API可以实现一些交互功能，除了data-toggle外，模态框还可以设置其他data属性来完成别的功能。具体如表4-1所示。

表4-1 Modal插件的声明选项

属性名称	类型	默认值	描　述
data-backdrop	布尔型	true	是否包含一个背景div。如果设置为true，则单击该背景（不是模态框本身）时关闭模态框。如果设置为static，则单击背景div元素时不关闭模态框
data-keyboard	布尔型	true	按Esc键时关闭模态框，如果设置为false，则不会关闭模态框
data-show	布尔型	true	初始化时是否显示
href	URL路径	空值	如果提供的是URL，将利用jQuery的load方法从此URL地址加载要展示的内容（只加载一次）并插入到.modal-content内。如果使用的是data属性API，将利用href属性指定内容来源地址

除了href外，其他三个以data开头的属性都可以设置在触发元素（带有data-toggle="modal"属性的元素）上，也可以设置在模态框最外层的div（带有modal，并且由data-taget指定的div元素）上。

4.3.4 动态设置模态框属性

模态框也可以使用JavaScript进行操作，传入可以拥有一部分可选参数的JavaScript对象字面量（封闭在一对大括号中的一个对象的零个或多个“属性名：值”列表），初始化模态框的一些自定义属性来控制个性化的模态框效果。代码如下。

```
$('#mymodal').modal({
        keyboard: false
    })
```

1. 模态框属性

模态框的属性和表4-1所示的data属性类似，功能也一样。只不过是把前缀data去掉，具体如表4-2所示。

表4-2 模态框插件的JavaScript属性

属性名称	类型	默认值	描　述
backdrop	布尔型	true	是否包含一个背景div。如果设置为true，则单击该背景（不是弹窗本身）时关闭模态框。如果设置为static，则单击背景div元素时不关闭模态框
keyboard	布尔型	true	按Esc键时关闭模态框，如果设置为false，则不会关闭模态框
show	布尔型	true	初始化时是否显示

2. 模态框方法

所有的 JavaScript 组件都支持传入特定字符串执行其内部方法的行为。模态框的方法和用法描述如表 4-3 所示。

表 4-3　模态框插件的 JavaScript 方法

参数名称	使用方法	描　　述
toggle	$('#mymodal').modal('toggle');	触发时，反转模态框的状态，如果当时是开启，则关闭。反之则开启
show	$('#mymodal').modal('show');	触发时，显示模态框
hide	$('#mymodal').modal('hide');	触发时，关闭模态框

在讲解示例 2 的时候，开始页面上什么也不会弹出，后来增加了$('#mymodal').modal()之后，刷新页面模态框就会自动显示。使用参数 show 得到的结果也是一样的。如：

```
$('#mymodal').modal('show');
```

参数 hide、toggle 的使用方法和 show 是一样的，可以根据具体的场景选用。需要注意的是，即便使用 JavaScript 的用法实现模态框功能，也必须按照嵌套格式设置好模态框所需要的 div 结构和样式，否则也不能得到想要的效果。

3. 模态框事件

在实际的使用中，还有可能需要在模态框弹出前或者在模态框弹出后执行某个功能。模态框插件提供的事件如表 4-4 所示。

表 4-4　模态框插件的 JavaScript 事件

事件类型	描　　述
show.bs.modal	show 方法调用之后立即触发该事件。如果是通过单击某个作为触发器的元素触发，则此元素可以通过事件的 relatedTarget 属性访问
shown.bs.modal	此事件在模态框已经显示出来（同时 CSS 过渡效果完成）之后触发。如果是通过单击某个作为触发器的元素触发，则此元素可以通过事件的 relatedTarget 属性访问
hide.bs.modal	hide 方法调用之后立即触发该事件
hidden.bs.modal	此事件在模态框被隐藏（同时 CSS 过渡效果完成）之后触发

调用这些事件的方法很简单，和普通的 jQuery 代码一样。比如要对示例 2 中的模态框进行操作，代码如下。

```
//事件的使用
$('#mymodal').on('hidden.bs.modal', function (e) {
    // do something...
    alert(‘模态框被完全隐藏后执行这个事件’);
})
```

读者可以把四种事件都实践一下，以便能更好地理解和使用这些事件。

4.3.5　上机训练

上机练习 1——制作百度登录框

制作如图 4.7 所示的百度登录框，要求如下。

（1）使用模态框布局登录框的页面结构和样式。

（2）使用栅格系统布局登录表单的内容。

（3）通过单击“登录”按钮触发弹出登录框，并且弹出的登录框是小型的。

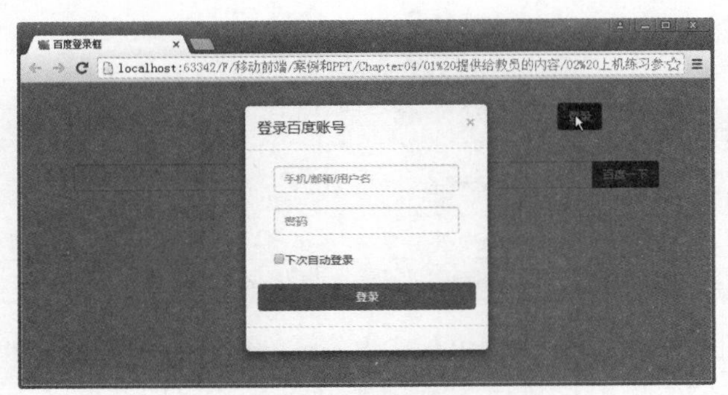

图4.7　百度登录框

任务 4　使用 Tab 插件实现选项卡效果

选项卡（Tab）插件是 Bootstrap 提供的一种非常常用的功能，和平时使用的 Windows 操作系统里的选项卡设置一样，单击一个选项，下面就显示对应的选项卡面板。先看看在 Bootstrap 中如何布局选项卡的结构。

4.4.1　基础布局与样式

选项卡由两部分组成：CSS 选项卡组件和底部可以切换的选项卡面板。具体显示如图 4.8 所示。

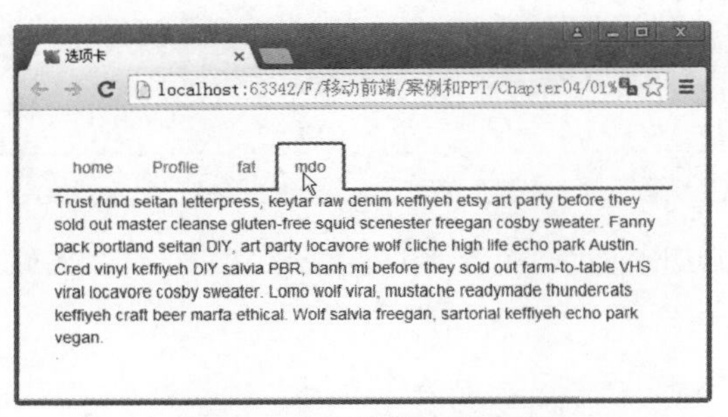

图4.8　选项卡的显示效果

那么 HTML 代码是如何实现的呢？如示例 4 所示。

示例 4

```
<!--选项卡-->
<ul class="nav nav-tabs">
    <li class="active"><a href="#name1" data-toggle="tab">home</a></li>
    <li><a href="#name2" data-toggle="tab">Profile</a></li>
```

```
        <li><a href="#name3" data-toggle="tab">fat</a></li>
        <li><a href="#name4" data-toggle="tab">mdo</a></li>
</ul>
<!--选项卡面板-->
<div class="tab-content">
<!-- fade 有淡入淡出的效果-->
        <div class="tab-pane fade in active" id="name1">
                <p>……</p>
        </div>
        <div class="tab-pane fade " id="name2">
                <p>……</p>
        </div>
        <div class="tab-pane fade" id="name3">
                <p>……</p>
        </div>
        <div class="tab-pane fade" id="name4">
                <p>……</p>
        </div>
</div>
```

按照示例 4 的格式，可以不需要调用任何 JavaScript 代码，就能实现选项卡的功能。

选项卡中第一部分导航的内容在前面已经学习过。在选项卡里，使用的方法也是一样的，不过需要设置单击后指向对应的选项卡面板，所以需要设置 data-toggle 和 id。在使用的时候还需要注意以下几点。

➢ 选项卡导航和选项卡面板都要有。
➢ 导航链接里要设置 data-toggle="tab"，还要设置 data-target 或是 href="选择符"，以便单击的时候能找到该选择符对应的 tab-pane 面板。
➢ tab-pane 要放在 tab-content 里面，要有 id 并且必须和 data-target 的值或 href 的值相同。

为了让选项卡面板切换得更加流畅，可以在面板上使用 fade 样式产生渐入的效果。如果页面初始化的时候就有一个默认的显示面板（需要渐入效果），则需要加上 in 样式，具体如示例 4 所示。

在选项卡里不仅支持选项卡导航，还支持胶囊式选项卡导航，使用的时候需要把 nav-tabs 替换为 nav-pills，还要把 data-toggle 的 tab 替换为 pill。示例代码如下所示。

```
<ul class="nav nav-pills">
        <li class="active"><a href="#name1" data-toggle="pill">home</a></li>
        <li><a href="#name2" data-toggle=" pill ">Profile</a></li>
        <li><a href="#name3" data-toggle=" pill ">fat</a></li>
        <li><a href="#name4" data-toggle=" pill ">mdo</a></li>
</ul>
<div class="tab-content">
…
</div>
```

4.4.2 动态操作选项卡插件的属性及方法

1. 选项卡方法

如果不使用 HTML 中的声明绑定 data-toggle，选项卡组件也支持用 JavaScript 代码直接初始化。代码如下所示。

```
$('.nav a').click(function(e){
    e.preventDefault();
    $(this).tab('show');
})
```

使用 JavaScript 代码的效果与在 nav 的 a 链接上设置 data-toggle="tab"属性是一样的，最终都是查询单击的元素，然后查找其 href 对应的选择符，最终显示该选择符对应的面板并隐藏其他面板。

同理也可以使用.tab('show')方法，对单个选项卡进行调用。比如：

```
$('#myTabs a:first').tab('show')            // 选择第一个 tab
$('#myTabs a:last').tab('show')             // 选择最后一个 tab
$('#myTabs li:eq(2) a').tab('show')         // 选择第三个 tab (索引从 0 开始)
```

2. 选项卡事件

和模态框一样，选项卡也有相关的事件，用来在选项卡面板出现前后设置一些功能。具体的事件如表 4-5 所示。

表 4-5　选项卡的事件

事件类型	描　述
show.bs.tab	该事件在选项卡即将显示还未显示之前触发
shown.bs.tab	该事件在选项卡完全显示之后（CSS 动画也要结束）触发

调用这些事件的方法很简单，和普通的 jQuery 代码一样。使用方法如下。

```
//事件的使用
 $('a[data-toggle="tab"]').on('shown.bs.tab', function (e) {
     alert('tab 完全显示后要做的事情');
})
```

4.4.3 上机训练

上机练习 2——制作搜狐新闻选项卡

制作如图 4.9 所示的搜狐新闻选项卡，要求如下。

（1）使用选项卡组件布局页面。

（2）使用 fade 和 in 为选项卡面板设置切换的过渡动画。

（3）使用 JavaScript 的 tab 方法来触发选项卡切换。

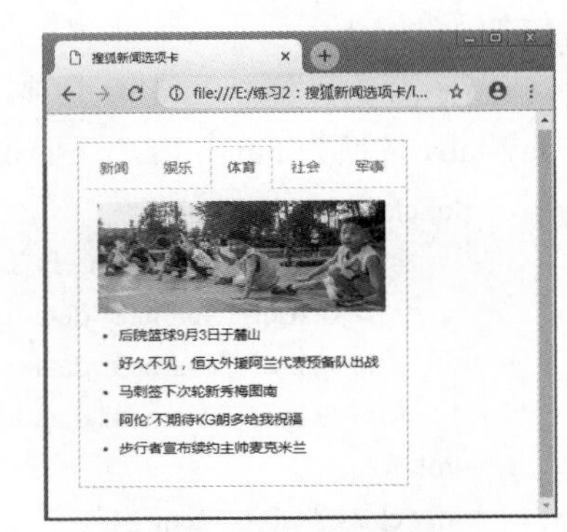

图4.9　搜狐新闻选项卡

任务 5　使用 Carousel 插件实现轮播图

轮播图（Carousel）也叫作旋转轮播或焦点图，主要显示效果就是各大网站的多幅滚动广告，比如京东首页的大图片，默认情况下是循环向左轮播，如果单击某个小圆点，将直接显示单击的那张图。接下来就介绍轮播图的 HTML 结构是如何布局的。

4.5.1　基础布局与样式

首先来看看轮播图在页面中的展示情况。具体如图 4.10 所示。

图4.10　轮播图的显示效果

轮播图是所有 Bootstrap 插件中声明用法最复杂的，如果先理解了 HTML 结构，也就不会觉得复杂了。具体的结构代码如示例 5 所示。

示例 5

```
<div id="myCarousel" class="carousel slide" data-ride="carousel">
    <!-- 图片容器 -->
    <div class="carousel-inner" >
        <div class="item active">
            <img src="image/ylimg1.jpg" alt="...">
        </div>
        <div class="item">
            <img src="image/ylimg2.jpg" alt="...">
        </div>
    </div>
    <!-- 圆点指示符 -->
    <ol class="carousel-indicators">
        <li data-target="#myCarousel" data-slide-to="0" class="active"></li>
        <li data-target="#myCarousel" data-slide-to="1"></li>
    </ol>
    <!-- 左右控制箭头 -->
    <a class="left carousel-control" href="#myCarousel"    data-slide="prev">
        <span class="glyphicon glyphicon-chevron-left" ></span>
```

```
        </a>
        <a class="right carousel-control" href="#myCarousel" data-slide="next">
            <span class="glyphicon glyphicon-chevron-right"></span>
        </a>
</div>
```

注意

如果觉得实际项目中轮播图上的描述文字位置或字体颜色不合适，都可以自己通过修改 CSS 样式进行调整。

比如要修改圆点指示符的颜色，可以在自定义的 CSS 文件中修改，具体代码如下：

```
.carousel-indicators li {
/*省略部分 CSS 代码*/
    background-color: rgba(0, 0, 0, 0);
    border: 2px solid #CC3300;                    /* 覆盖插件里圆点的颜色*/
    border-radius: 10px
}
    .carousel-indicators .active {
    width: 12px;
    height: 12px;
    margin: 0;
    background-color: #CC3300;                    /* 覆盖插件里圆点的颜色*/
}
```

需要注意的是，不要在 bootstrap 源码中修改，而要把修改的代码先复制出来，再修改为自己需要的样式，并且放在 bootstrap.css 后面。

从示例 5 中可以发现，轮播图插件的结构由三部分组成：轮播的图片、图片下方的小圆点、可以单击左右切换的向左和向右的箭头，最后用一个 div 包裹起来，这就是轮播图的大概结构。接下来就一一讲解。

- 任何一个插件都有一个父容器，轮播图插件也不例外，带有 data-ride="carousel"的 div 就是轮播图的父容器。容器的 id 为 myCarousel，稍后会用到。还有两个样式，carousel 样式作为样式容器，而 slide 样式和 fade 类似，用来定义切换图片的时候是否有特效。
- carousel-inner 样式的 div 内部包含有多个 item 的 div 样式，在这些 div 里定义要显示的幻灯片图片。
- carousel-indicators 样式的 ol 内部定义了一组标识符，用户单击这些标识符可以显示相应的图片，而这些标识符上面都定义了 data-slide-to="1"这样的属性，表示单击该标识符显示第 2 张图片（索引从 0 开始）。
- 另外两个 a 链接是一组，用来显示向左和向右的箭头，控制图片切换的方向。这两个 a 元素上都使用了 data-slide 属性，属性值只能是 prev 或 next，分别表示上一张或下一张。

此外，如果 item 样式上有 active 样式的话，则表示该图正在显示，其他图片都被隐藏。

圆点指示符上的 data-target 和左右控制箭头 href 里的值一样，都表示父容器元素的 id，后期这些元素被单击的时候，可以很快地找到对应的容器元素。

注意

ol 指示符在三个部分中的位置可以任意定义，左右控制链接 a 元素可以放在 ol 前面，也可以放在 ol 后面，但是不能放在 carousel-inner 样式的 div 前面，否则会被遮盖住。

轮播图插件还有一个亮点，就是自适应性很好，不需要做任何设置，就可以随屏幕的缩放而缩放。示例 5 的轮播图在小于 768px 的屏幕下的显示效果如图 4.11 所示。

图4.11　轮播图在小于768px的屏幕下的显示效果

有的场景下还会看到轮播图上有关于图片的文字描述，在图片容器 item 内部添加一个 carousel-caption 样式的 div 即可。在示例 5 的基础上进行修改，给轮播图片添加文字描述的具体代码如下。

```
<div class="item active">
    <img src="image/ylimg1.jpg" alt="...">
    <div class="carousel-caption">
        <h3>我的小尼克学堂</h3>
        <p>来自美国的 11 项儿童能力培养方案，看中英文动画培养儿童 11 项能力</p>
    </div>
</div>
```

在浏览器中的显示效果如图 4.12 所示。

图4.12　轮播图文字描述显示效果

4.5.2 自定义属性

使用 data 属性 API 可以实现一些交互功能，除了 data-ride、data-slide、data-slide-to 以外，轮播图插件还支持其他三个自定义属性，具体如表 4-6 所示。

表 4-6 轮播图插件的自定义属性

属性名称	类 型	默认值	描 述
data-interval	number	5000	轮播的等待时间（毫秒）。如果为 false，轮播图不会主动开始轮播
data-pause	string	hover	默认鼠标停留在图片区域停止轮播，鼠标离开即开始轮播
data-wrap	boolean	true	轮播是否持续循环

这三个自定义属性都可以用在轮播图的外层父容器上。需要注意的是，轮播图的切换动画都是基于 CSS3 实现的，所以 IE8、IE9 不支持。

4.5.3 动态调用

通过前面的代码可以知道，在父容器上定义 data-ride="carousel"属性，页面加载后会自动实现图片轮播效果。如果没有这个属性呢？可以通过 JavaScript 来开启轮播效果。代码如下。

```
$('.carousel').carousel();
```

1. 轮播图属性

在使用轮播图插件的时候，可以像自定义属性一样，使用三个参数，不同的是需要去除前面的 data 前缀。具体如表 4-7 所示。

表 4-7 轮播图插件的 JavaScript 属性

属性名称	类 型	默认值	描 述
interval	number	5000	轮播的等待时间（毫秒）。如果为 false，轮播图不会主动开始轮播
pause	string	hover	默认鼠标停留在图片区域停止轮播，鼠标离开即开始轮播
wrap	boolean	true	轮播是否持续循环

使用的时候可以直接传入对象参数，比如，轮播图切换图片的等待时间默认是 5 秒，现在要改为 2 秒。具体代码如下所示。

```
//2 秒钟执行一次
$('.carousel').carousel({
    interval: 2000
})
```

2. 轮播图方法

除了支持自定义的属性外，轮播图插件还支持外部调用。当获取一个轮播图插件的实例后，可以在该实例上应用多种方法，来达到自己想要的效果，如表 4-8 所示。

表 4-8　轮播图插件的方法

方法名称	描　　述
.carousel('cycle')	循环各帧（默认是从左到右）
.carousel('pause')	停止轮播
.carousel(number)	轮播到指定的图片上（下标从 0 开始）
.carousel('prev')	播放上一张
.carousel('next')	播放下一张

可以结合自己的实际需求来使用这几个方法，具体用法如下。

```
$('.carousel').carousel('next');
```

3. 轮播图事件

轮播图也提供有相关的事件，具体如表 4-9 所示。

表 4-9　轮播图插件的 JavaScript 事件

事件类型	描　　述
slide.bs.carousel	此事件在 slide 方法被调用之后（还未开始处理下一张图片之前）立即触发
slid.bs.carousel	在一张图片结束轮播之后触发

调用这些事件的方法也很简单，和普通的 jQuery 代码一样，不过接收的参数不一样，代码如下：

```
//事件的使用
$('#myCarousel').on('slide.bs.carousel',function(e){
//<div class='item'>...</div> 得到的是 item 的这个元素
    console.log(e.relatedTarget);
    console.log(e.direction);          //left
//执行你需要的操作
});
$('#myCarousel').on('slid.bs.carousel', function () {
    alert('图片切换完之后执行该事件')
})
```

4.5.4 上机训练

上机练习 3——制作美联英语在线 VIP 轮播图

制作如图 4.13 和图 4.14 所示的美联英语在线 VIP 轮播图，要求如下。

（1）使用轮播图插件布局网页的结构和样式。

（2）图片切换的等待时间是 2 秒。

（3）修改轮播图的样式，隐藏左右两边的控制箭头，但是单击左右两侧原来箭头的位置依然可以控制图片切换。

图4.13　美联英语在线VIP轮播图（1）

图4.14　美联英语在线VIP轮播图（2）

任务 6　使用 ScrollSpy 插件实现滚动监听

4.6.1　基础布局与使用

滚动监听（ScrollSpy）插件根据滚动的位置自动更新导航栏中的相应导航项，如图 4.15 所示。拖动右边区域的滚动条，当滚动区域到达 two 时，上面的 two 菜单就会高亮显示，这是因为该插件可以自动检测到达了哪个位置，然后在需要高亮显示的菜单父元素上增加一个 active 样式。

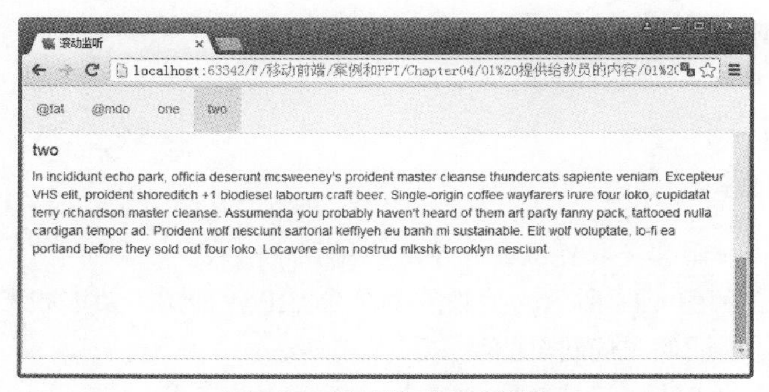

图4.15　滚动监听显示效果

在实际的应用中，滚动监听一般有两种用法：一种是固定一个元素的高度，进行滚动，并对相应的菜单进行高亮显示；另一种是对整个页面（body）进行滚动监听。

下面通过示例 6 来演示针对某个固定高度的盒子进行监听。

示例 6

```
<!--菜单容器-->
<div id="selector">
    <nav   class=" navbar navbar-default navbar-fixed-top" >
        <ul class="nav navbar-nav ">
            <li class="active"><a href="#name1">@fat</a></li>
            <li><a href="#name2">@mdo</a></li>
            <li><a href="#name3">one</a></li>
            <li><a href="#name4">two</a></li>
        </ul>
    </nav>
</div>
<!--滚动监听区域-->
<div data-offset="0" data-target="#selector" data-spy="scroll"
     style="height: 300px;overflow: auto; ">
    <h4 id="name1">@fat</h4>
    <p>Ad leggings keytar, brunch id art…</p>
    <h4 id="name2">@mdo</h4>
    <p>Veniam marfa mustache …</p>
    <h4 id="name3"> one</h4>
    <p>Occaecat commodo aliqua …</p>
    <h4 id="name4"> two</h4>
    <p>In incididunt echo …</p>
</div>
```

在浏览器中的运行效果如图 4.16 所示。

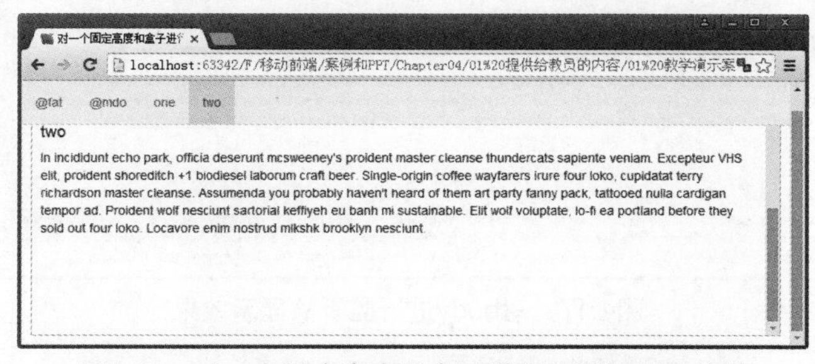

图4.16　对一个固定高度的盒子进行监听的显示效果

滚动监听必须包含两部分：菜单和被监听的区域。设置滚动监听还需要注意以下几点。

- 设置滚动容器，即在需要监听的元素上设置 data-target="#selector" data-spy="scroll" 属性。
- 设置菜单链接容器，该容器的 id 和 data-target 属性对应的选择符一样。
- 在菜单容器内，必须有.nav 样式的元素，并且在其内部有 li 元素，li 元素内包含的 a 元素才是可以监听高亮的菜单链接，即符合.nav li > a 这种选择符的条件。

还有一种用法是对 body 页面进行监听，和示例 6 类似，只不过将滚动监听容器移到了 body 上，监听的是整个 body 页面。相比示例 6 中的某个 div 来说，范围更广了。此外还要注意，nav 一定要在 body 内部。那么怎么对 body 进行监听呢？具体方法如示例 7 所示。

示例 7

```
<!--滚动监听区域-->
<body data-spy="scroll" data-target="#selector">
    <!--菜单容器-->
    <nav   class=" navbar navbar-default navbar-fixed-top"   id="selector">
        <ul class="nav navbar-nav ">
            <li class="active"><a href="#name1">@fat</a></li>
            <li><a href="#name2">@mdo</a></li>
            <li><a href="#name3">one</a></li>
            <li><a href="#name4">two</a></li>
        </ul>
    </nav>
    <h4 id="name1">@fat</h4>
    <p>Ad leggings keytar, brunch …</p>
    <h4 id="name2">@mdo</h4>
    <p>Veniam marfa mustache … </p>
    <h4 id="name3"> one</h4>
    <p>Occaecat commodo aliqua delectus …</p>
    <h4 id="name4"> two</h4>
    <p> In incididunt echo park …</p>
</body>
```

在浏览器中的显示效果如图 4.17 所示。

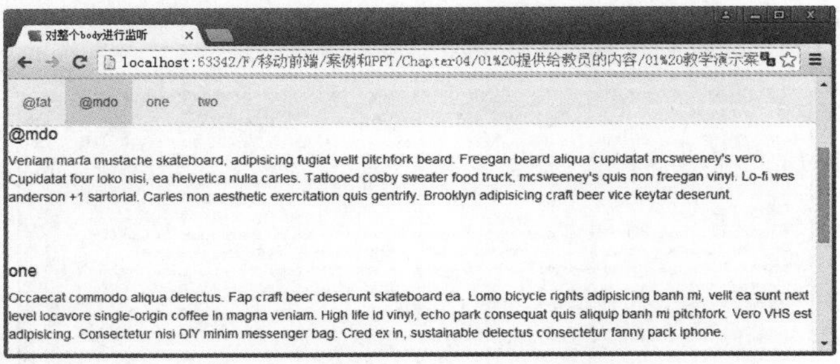

图4.17　对body进行监听的显示效果

4.6.2 动态调用

如果不想使用 data-spy="scroll" data-target="#selector"，还可以使用 JavaScript 来控制监听，具体代码如下。

```
用法：$('滚动监听容器选择器').scrollspy({ target : ' #菜单容器的选择器'})
示例：$('body').scrollspy({target:"#selector"});
```

1. 滚动监听的属性

在使用滚动监听插件的时候，可以使用的 JavaScript 属性如表 4-10 所示。

表 4-10 滚动监听的 JavaScript 属性

属性名称	类　型	默认值	描　述
offset	number	10	计算滚动位置时相对于顶部的偏移量（像素值），默认的 offset 为 10，表示滚动内容距离滚动容器 10px 以内的话，就高亮显示对应的菜单

具体使用方法如下所示。

```
$('body').scrollspy({
    "offset":50
});
```

2. 滚动监听的事件

滚动监听插件也支持事件的订阅和触发功能，目前只支持一个 activate 事件，具体如表 4-11 所示。

表 4-11 滚动监听的 JavaScript 事件

事件类型	描　述
activate.bs.scrollspy	当滚动监听插件将某个元素设置为 active 样式的时候，触发此事件

事件的使用方法如下所示。

```
$('body').on('activate.bs.scrollspy', function () {
    // do something…
})
```

4.6.3 上机训练

上机练习 4——制作所问数据页面

制作如图 4.18 和图 4.19 所示的所问数据页面，要求如下。

（1）页面主要适配超小屏幕和大屏幕。

（2）使用栅格系统、响应式导航、按钮、响应式图片、表单等布局页面。

（3）使用滚动监听插件对 body 进行监听（当滚动条滚动到页面上的“行业”解决方案区域时，导航条上的“解决方案”高亮显示），在不同屏幕下的显示效果如图 4.18 和图 4.19 所示。

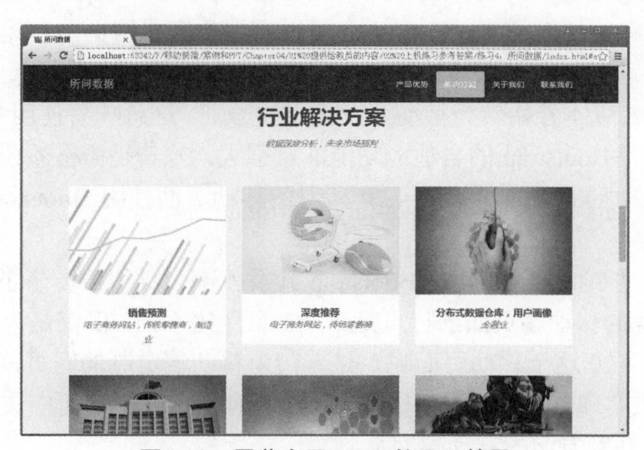

图4.18 屏幕大于768px的显示效果

图4.19　屏幕小于768px的显示效果

任务 7　Bootstrap 总结

通过前面对 Bootstrap 的学习，已经了解了 Bootstrap 的使用场景，可以用在 PC 端的页面，响应式的页面以及移动页面，可以非常快速地开发出漂亮大方的网页，但是 Bootstrap 也有以下弊端。

Bootstrap 需要引入 bootstrap.css 和 bootstrap.js 以及 jQuery 等，对于网速很慢的场景，就会加载缓慢。

在学习响应式的时候就知道，响应式网页也是有缺点的：兼容各种设备工作量大；代码累赘，会出现隐藏无用的元素。Bootstrap 可以实现响应式网页，自然在具备响应式优点的同时，也不得不承受与之俱来的缺点。

Bootstrap 从 V3 版本开始转为移动开发优先的原则。这意味着使用 Bootstrap 可以开发移动端的网页，并且 Bootstrap 的自适应功能非常强大，尤其是栅格系统，使用它可以很轻松地布局出适配移动端的页面。如图 4.20 所示的移动页面使用 Bootstrap 开发可以起到事半功倍的效果吗？

对于这样的移动页面来说，使用 Bootstrap 开发就不会觉得很省事了。在前面章节案例中用 Bootstrap 实现的移动端页面的特点是简单、个性化不强，仅仅是为了在移动端页面上展示信息。可是图 4.20 这个移动页面呢？是专门为移动端定制的网页，个性化很强。如果还是用 Bootstrap 来实现，就有点得不偿失了。那么对于这样的页面应该怎么开发呢？后面的章节会讲解怎么开发专门的移动端网页。

图4.20　定制的移动页面

综上所述，要合理地使用 Bootstrap 这个不分平台和终端的前端框架，先要抓住它的优点，再结合实际开发场景合理利用。如果开发 PC 页面，就不用考虑小屏幕下如何实现，直接使用它的组件和插件。如果开发响应式页面，可以使用栅格系统和组件中的各种尺寸来处理页面内容在不同屏幕下的显示。如果开发移动端页面，就要考虑这个移动端页面的特性，是为了展示信息呢还是专门的移动页面，再考虑用什么样的知识点去实现。总之，一定要灵活。

本章作业

一、选择题

1．下列选项中不属于 Bootstrap 插件的是（　　）。

A．选项卡　　　　　B．模态框

C．图标　　　　　　D．轮播图

2．下列关于模态框的尺寸描述正确的是（　　）。（选两项）

A．modal-lg　　　　B．modal-md

C．modal-sm　　　　D．modal-xs

3．下列关于选项卡插件说法不正确的是（　　）。

A．选项卡由两部分组成：CSS 选项卡组件和底部可以切换的选项卡面板

B．tab-pane 要放在 tab-content 里面，要有 id 并且必须和 data-target 的值或 href 的值相同

C．导航链接里要设置 data-toggle="tab"，还要设置 data-target 或是 href="选择符"，以便单击的时候能找到该选择符对应的 tab-pane 面板

D．选项卡不支持胶囊式选项卡导航

4．需要给轮播图片添加文字描述使用的样式是（　　）。

A．carousel　　B．carousel-caption

C．carousel-inner　　D．carousel-control

5．下列关于滚动监听插件描述正确的是（　　）。

A．滚动监听插件根据滚动的位置自动更新导航栏中相应的导航项

B．滚动监听插件只能对 body 进行监听

C．设置滚动容器，即在需要监听的元素上设置 data-target="#selector" data-spy="scroll" 属性

D．设置菜单链接容器，该容器的 id 和 data-target 属性对应的选择符一样

二、简答题

1．data 属性是什么？可以做什么事情？

2．轮播图插件由哪几部分组成？

3．制作美联英语在线 VIP 登录弹出框。页面显示效果如图 4.21 所示。要求如下。

（1）在提供的素材基础上进行开发。

（2）通过单击“登录”按钮触发弹出登录框，并且弹出的登录框是小型的。

（3）使用模态框插件布局登录框。

图4.21　美联英语在线VIP登录弹出框

4．制作课工场首页轮播图。页面效果如图 4.22 和图 4.23 所示。要求如下。

（1）在提供的素材基础上继续完成轮播图效果。

（2）使用轮播图插件制作图片轮播效果。

（3）每张图片的等待切换时间是 3 秒。

图4.22　课工场首页轮播图在屏幕大于768px下的显示效果

图4.23　课工场首页轮播图在屏幕小于768px下的显示效果

5．制作新东方泡泡少儿英语页面。页面效果如图 4.24 和图 4.25 所示。要求如下。

（1）使用选项卡插件和栅格系统布局页面结构。

（2）使用 fade 和 in 为选项卡面板设置切换的过渡动画。

（3）使用 JavaScript 的 tab 方法来触发选项卡切换。

图4.24　新东方泡泡少儿英语页面（1）

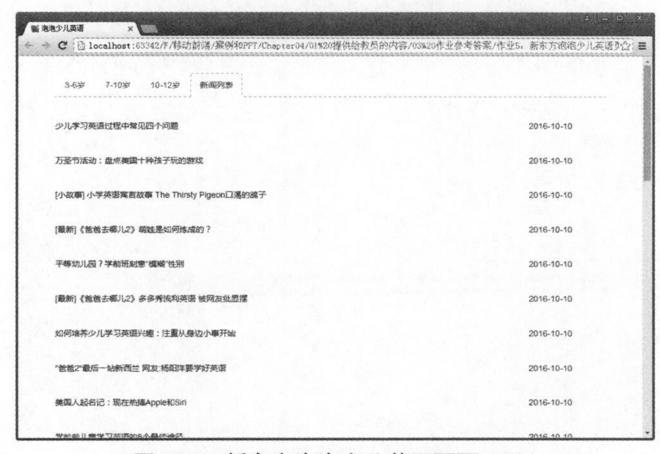

图4.25　新东方泡泡少儿英语页面（2）

作业答案

Chapter 4

第 5 章

移动端页面布局

本章任务

任务 1：移动 Web 概述
任务 2：移动端开发、测试浏览器
任务 3：移动端视口及视口标签
任务 4：设备像素比
任务 5：实现移动端布局

技能目标

❖ 了解移动端产品分类及现状
❖ 掌握利用 em 或 rem 进行移动端网页布局
❖ 理解视口的应用

本章知识梳理

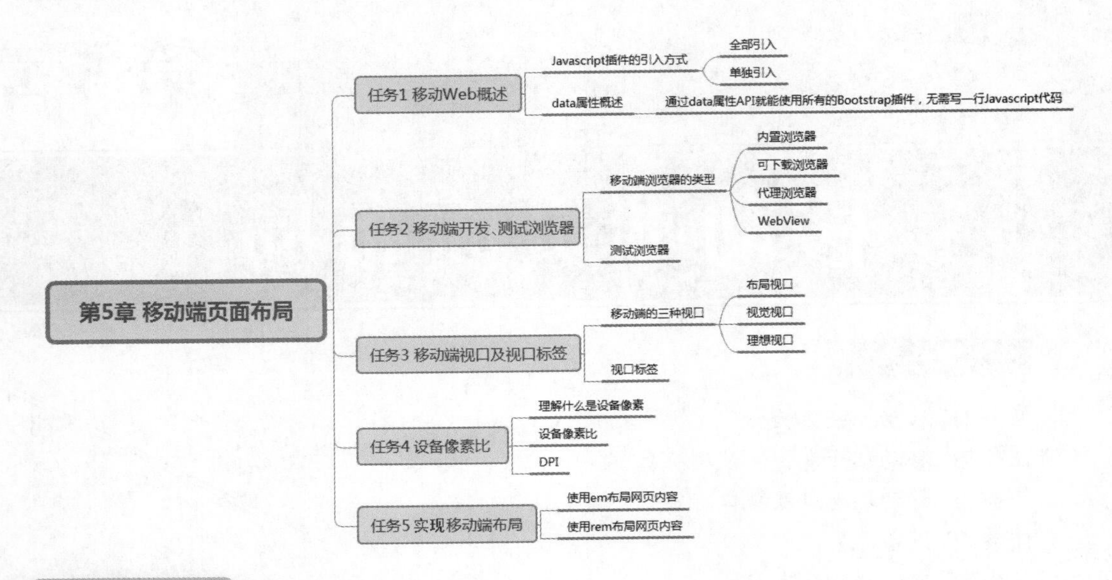

本章简介

随着人们访问互联网的途径延伸到移动终端，移动网页的开发迅速成为一种趋势。在前面的章节中已经学习了一些技术来开发响应式网页，其中就包括移动终端的网页；也了解到响应式开发移动页面的一些不可避免的劣势。本章开始讲解纯移动终端开发的方法。主要内容包括移动端开发的测试环境、移动端视口、分辨率，以及使用 em 和 rem 两个可变单位来开发移动网页。学完本章的内容，不但能对移动端的一些特性开发有更深入的理解，还能开发个性化的、专门为移动前端定制的网页。

预习作业

简答题

（1）移动端视口有几种？分别是什么？

（2）理想视口是什么？怎样实现理想视口？

任务 1 移动 Web 概述

5.1.1 什么是移动 Web

近年来，随着智能手机的普及，移动端开发受到了广泛的关注，并从传统的安卓、iOS 原生手机系统应用开发，逐渐转向移动端 Web 开发和混合开发。

所谓移动 Web 是指运行在移动设备（比如手机、平板和其他一些手持触摸设备等）上的产品。在实际开发中，移动设备主要的适配平台为安卓和 iOS。本任务主要围绕移动 Web 进行讲解，其他 App 开发方案可以通过扫描二维码进行学习。

5.1.2　移动 Web 的现状

现如今，Web 前端开发，尤其是移动 Web 应用开发，在整个互联网界已成燎原之势，世界正在变得可移动化，移动网站的流量已经超越桌面网站的流量。随处可见人们使用移动设备学习、购物、聊天，以及在等待时作为消遣。移动设备如此方便，可以随意带到任何地方。下面来看看移动设备的发展历程。

不同的App开发方案

前智能机时代：HP 为一台基于 Windows PPC 的 PAD 增加了电话功能，做成一台智能手机。Windows Mobile 和 S60 是这个时代的主角。基于手机系统的客户端应用是移动互联网应用的良好形式。但是随着系统版本的不断升级，设备间的差异不断增大。手机客户端应用开发同样面临着与 Web 前端开发一样的兼容性、开发效率和维护成本等问题。

后智能机时代：随着 iPhone 和安卓智能手机等的热卖，两个电子市场生态链逐步形成。再加上诺基亚与微软合作开发的 Windows Mobile，电子市场生态链之争慢慢拉开帷幕。客户端的 Web 应用成为电子市场生态链的主角。随着系统的竞争升级，也伴随着浏览器的不断优化。各阵营的浏览器都是基于 Webkit 核心的，差异只在于硬件加速能力和设备资源的利用不同。这恰好成为移动 Web 应用的发展机遇。

显然，移动 Web 应用的起点比 PC Web 应用要高，但适用范围要窄。移动 Web 应用成为 Web 应用的一种延伸，从开发角度来看，最终应该是殊途同归的。未来，移动 Web 应用开发必将爆发出持久的市场活力，持续创造巨大的商业价值。

下面来看看移动 Web 开发与传统的 PC Web 开发之间有什么区别。

5.1.3　PC 与移动 Web 开发的区别

PC Web 开发与移动 Web 开发的区别主要在于以下几点。

- 终端设备及浏览器。PC 端网页运行在计算机上，有多种浏览器需要兼容。而移动网页运行在各种不同型号的手机或是平板电脑上，仅手机就有二三十种浏览器，不过它们并非都是完全独立的浏览器，很多都是基于同一种浏览器的不同版本，尤其是安卓 Webkit。
- 分辨率。不同设备的分辨率是不同的，在 PC 端就存在着几种不同的分辨率。比如常用的 1024×768、1280×1024 以及现在的大屏幕 1920×1080。手机更是丰富，同品牌手机都有多种不同分辨率。那么针对众多的屏幕尺寸，是用多套网页来一一适配呢？还是会有一种万全的方案来解决呢？
- 视口。在计算机上只有一个视口（Viewport）：浏览器窗口。而手机上的视口有两种，现在又引入了第三种。这么多视口是如何工作的呢？
- 输入特性（鼠标、键盘、触摸屏）。桌面浏览器有键盘和鼠标事件，而触摸屏需要特殊的 JavaScript 事件来响应用户的操作。触摸（touch）事件就是开发移动端应用必不可少的一项技能。

通过上面的介绍，除了认识 PC 端和移动端开发的区别之外，你也接触到浏览器、视口、触摸事件等只在移动开发中才会遇到的概念和技术。接下来，我们就正式学习如何进行移动端网页的开发。

任务 2 移动端开发、测试浏览器

5.2.1 移动端浏览器的类型

手机上有四种浏览器：内置浏览器、可下载浏览器、代理浏览器以及 WebView。这些浏览器在某些地方会有重叠，一个浏览器不一定非要属于一种类型。比如，代理浏览器 Opera Mini 在某些功能手机上却是内置浏览器。

1. 内置浏览器

每部手机都有内置浏览器，通常是由操作系统厂商开发的。如苹果开发的 Safari，就是 iOS 的内置浏览器；微软开发的 IE，就是 Windows Phone 的内置浏览器。表 5-1 总结了各平台的内置浏览器。

表 5-1 各平台的内置浏览器

平　台	内置浏览器	备　注
iOS	Safari	
安卓	安卓 Webkit 或 Chrome	
黑莓	黑莓 Webkit	
Windows Phone	IE	
塞班	塞班 Webkit	
Firefox OS	火狐	
Sailfish OS	暂未命名	基于 Gecko
S40	在老版本上是 S40Webkit，在 Asha 上是 Xpress	Xpress 是基于 Gecko 的代理浏览器
其他功能手机	Opera Mini、NetFront、UC Mini	Opera Mini、UC Mini 是代理浏览器

大多数内置浏览器都被紧密集成到底层的操作系统中，也就是说，无法单独升级浏览器。例如，要得到新的 Safari 版本，就必须升级 iOS。

2. 可下载浏览器

除了内置浏览器外，用户也可以在应用商店中自行下载浏览器进行安装，如 Opera、Firefox、Chrome、UC 等。

可下载浏览器相比于内置浏览器有一个优势，就是有了新的版本就可以更新。最新的和最棒的功能往往在可下载浏览器上最先出现，这也是为什么 Web 开发者倾向于使用 Chrome、Opera 还有 Firefox。

3. 代理浏览器

代理浏览器的渲染引擎能够解析和执行 HTML、CSS 还有 JavaScript，但并不是运行在设备上，而是运行在远程服务器上。代理浏览器的工作步骤如下。

（1）当用户请求一个页面时，不会发送一个普通的HTTP请求，而是通过一个加密连接发送一个特殊的请求到一个特殊的代理浏览器。

（2）代理浏览器会发送正常的HTTP请求给用户希望访问的Web服务器，会请求HTML和其他资源，如CSS、JavaScript和图片等。

（3）代理浏览器包含一个渲染引擎，能够正常渲染页面。

（4）代理浏览器会压缩渲染的页面，使其以图片的形式出现在网站上：可以想象成一个PDF或一个图形映射。代理浏览器有连接热点，用户可以选择文本和稍微放大文本。

（5）代理浏览器同样通过加密连接把文件发送到客户端。

（6）客户端把文件展示给用户。如果用户单击链接或执行一些需要代码的操作，就会重复执行上述步骤。

代理浏览器主要致力于为用户省钱，要做的就是显示静态文件，允许单击或轻触链接生成简单的UI，所以更加轻量级，甚至可以在低配置的手机上运行，不需要用户购买很贵的智能手机。代理浏览器也有缺点，就是没有客户端交互。虽然代理浏览器支持JavaScript，但是每次用户触发一个JavaScript事件，客户端就会发送一个请求给服务器以获得下一步指示。服务器执行脚本，如果有必要会抓取新的资源，然后返回更新后的页面，对于客户端来说就是一个全新的页面。

4. WebView

WebView是留给原生应用的一个操作系统浏览器接口。比如，在一个Twitter客户端里，当用户单击了feed里的一个链接时，客户端可以调用平台的WebView来显示一个网页。

WebView是独立的程序，用了内置浏览器很多底层的组件，但是在其他方面可能会有所不同。

5.2.2 测试浏览器

每种浏览器都有渲染引擎，负责解析HTML、CSS和JavaScript的DOM部分。就像在PC上一样，手机上也有四个重要的渲染引擎：Gecko、Trident、WebKit和Blink。此外，Opera的Presto引擎仍然存在于Opera Mini中。

目前大部分的浏览器厂商都在使用Webkit。很多手机浏览器都用Webkit作为渲染引擎。除了IE Mobile使用Trident，Opera Mini使用Presto，Firefox Mobile和Firefox OS使用Gecko，UC Mini和Nokia Xpress上的内置浏览器也是Gecko。

对于开发者来说，在开发过程中不可能凑齐这么多设备进行开发测试，往往都是通过移动端的测试模拟器来完成，可以使用这个模拟器测试不同手机型号、不同分辨率、不同操作系统下的网页。开发完成后，再统一用真机进行测试。

Chrome浏览器是读者非常熟悉的浏览器，它还可以作为移动开发的移动测试模拟器来使用。本章选择Chrome（版本为70.0.3510.2）作为测试浏览器。

测试移动网页的时候同样也是单击鼠标右键，然后选择"检查元素"（或者按下键盘的F12键）先调出调试窗口，单击测试工具栏上带一个小手机的图标，如图5.1所示。在浏览器中刷新页面的运行效果如图5.2所示。

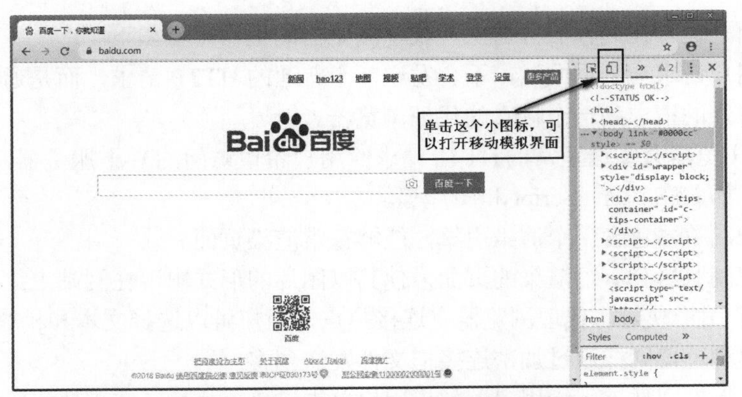

图5.1　在Chrome中调出移动测试环境

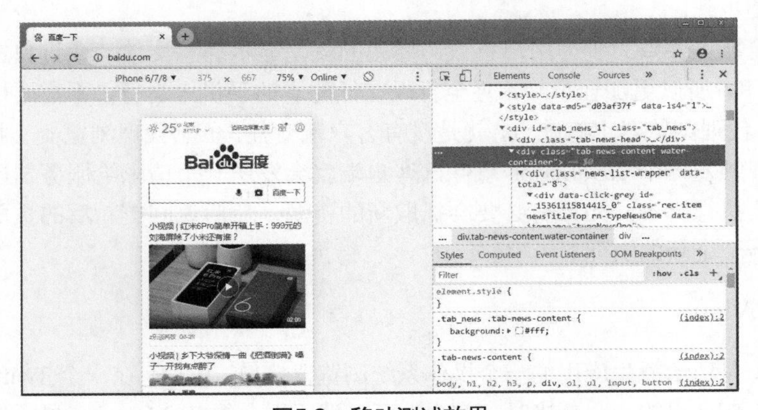

图5.2　移动测试效果

在图 5.2 中可以发现，运行的网页大小变得和手机大小差不多了，页面好像缩小了。此外，还有很多功能是可以在这个运行环境中测试的，接下来就一一介绍。

1. 常用面板

打开模拟器控制台，如图 5.3 所示，可以看到在调试过程中经常用到的选项。

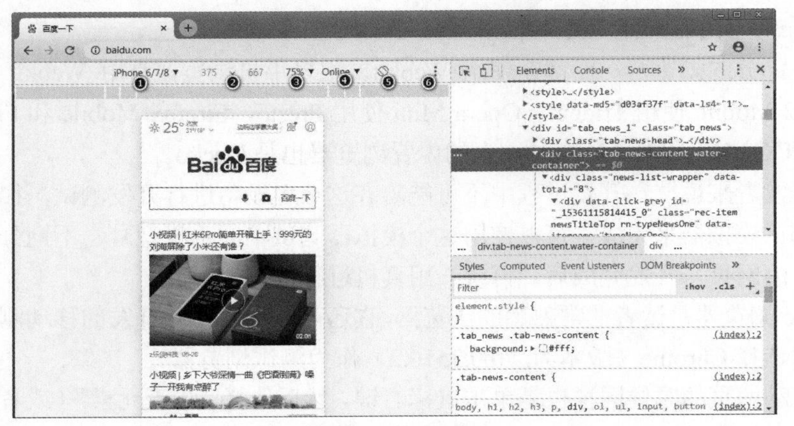

图5.3　常用面板

图 5.3 中标记的序号对应的含义及功能如下。

① 选择要测试的设备及型号。

② 设备像素。

③ 屏幕显示比例，可以自行选择。

④ 模拟网速情况。

⑤ 手持设备的横屏或竖屏。

⑥ 打开隐藏的选项。

2. NetWork conditions

参照图 5.4 调出隐藏面板，在显示的 Network conditions 界面中每项的含义及使用方式如下。

- Caching：磁盘缓存，默认不缓存。
- Network throttling：网络节流，单击后面的下拉菜单，可以选择不同的网络供开发者测试模拟，如图 5.5 所示。
- User agent：用户代理，可以选择默认代理，或是自定义代理。

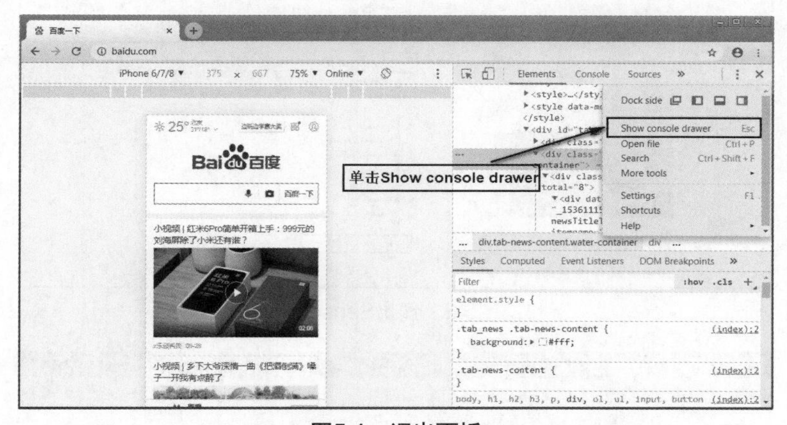

图5.4　调出面板

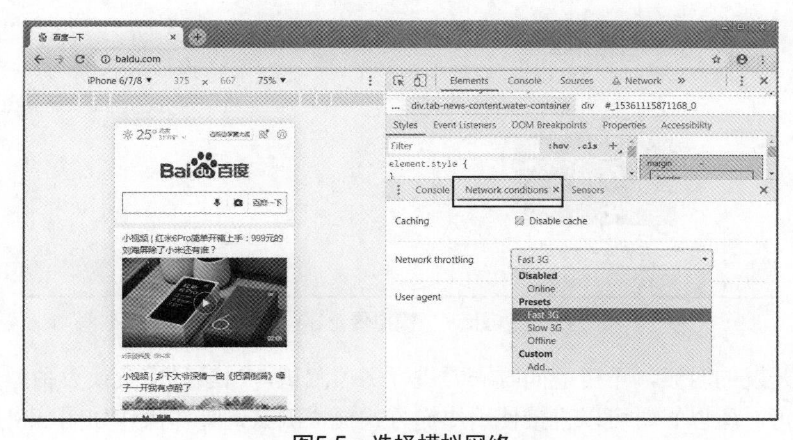

图5.5　选择模拟网络

3. Sensors

参照图 5.6 调出 Sensors 选项，Sensors 界面中每项的含义及功能如下。

➢ Geolocation：是否需要模拟地理定位。从下拉菜单中选择，一般这个功能会出现在需要地理位置或是引用地图的时候。

◆ Latitude：经度。

◆ Longitude：纬度。

➢ Orientation：模拟陀螺仪，如图 5.7 所示。手动改变 3 个轴上的值，右边的小框就会发生旋转。一般这个功能会用于摇一摇等有重力感应的场景。

◆ α：设备绕 *z* 轴旋转的数值。

◆ β：设备绕 *x* 轴旋转的数值。

◆ γ：设备绕 *y* 轴旋转的数值。

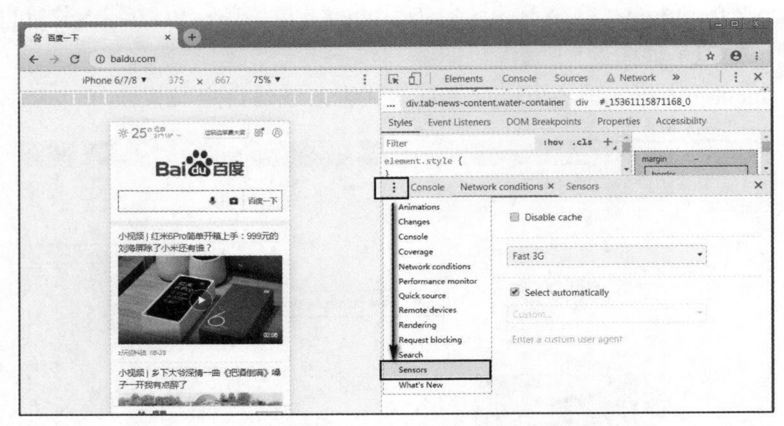

图5.6　调出Sensors

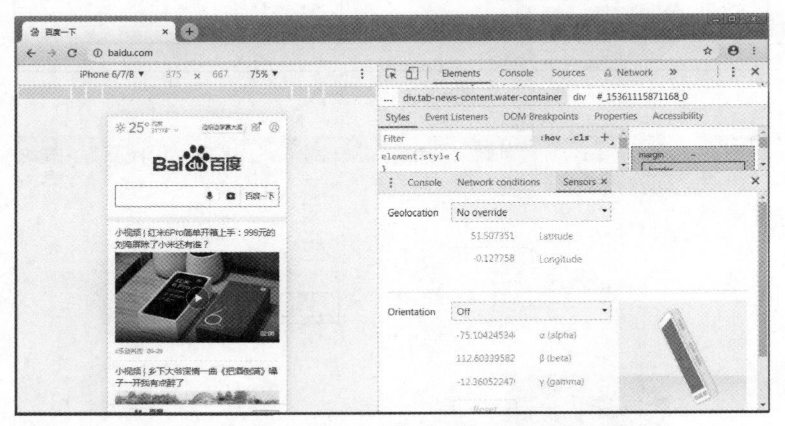

图5.7　模拟传感器

在实际开发的时候，不可能同时需要进行多项测试，一般只需变换设备型号、网络、分辨率等即可，所以平时可以直接使用快捷方式模拟测试，具体操作如图 5.8 所示。其他模拟选项可以每个都测试一遍，以加深对它们的理解，方便今后快速地使用。

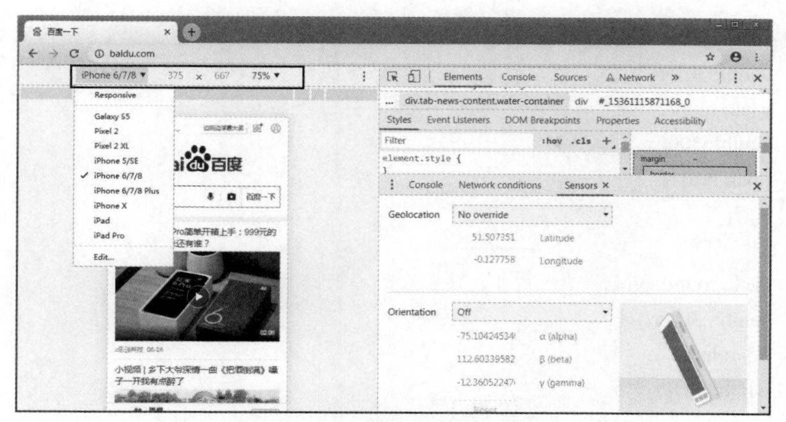

图5.8　用快捷方式模拟测试

任务 3　移动端视口及视口标签

5.3.1　移动端的三种视口

第一次接触移动 Web 的直观印象应该是移动端屏幕比桌面（平板电脑或计算机）屏幕要小很多，因此一个针对桌面设计的界面不一定能很好地适用移动端。前面学过的响应式布局可以帮助解决这个问题，比如：

```
<meta name="viewport" content="width=device-width, initial-scale=1.0 "/>
@media all and (max-width:480px){
    //宽度不超过 480px 时的样式
}
```

这两行代码前面只是粗略地介绍了一下，本任务会详细地讲解 meta 视口标签具体有什么用。

首先了解一下移动浏览器厂商面对的问题。它们肯定希望用户能访问任何网站，甚至专门为桌面浏览器设计的网站。但是，这样的网站对于移动端的屏幕来说太宽了。移动浏览器厂商找到了一个展示这些网站的方法。

如果在 CSS 中把 width 设置为 30%，那么这个 30%是相对于谁的呢？每个 Web 开发者都知道，在桌面浏览器上，这个 30%是相对于浏览器窗口宽度的。在 CSS 中没有声明任何宽度时，每个块级元素默认的宽度都是 100%，相对的是它的父元素。

接下来通过示例 1 来分析 30%的宽度在视口中的显示。

示例 1

```
<style>
    header{
        height: 50px ;
        background: pink;
        margin-bottom: 10px;
    }
```

```
    aside{
        width: 30%;
        background: red;
        height: 300px;
        float: left;
    }
    article{
        background: pink;
        height: 300px;
        float: left;
        width: 68%;
        margin-left: 10px;
    }
</style>
</head>
<body>
<header></header>
    <aside></aside>
    <article></article>
</body>
```

从示例 1 的代码来看，这就是很平常的一个两列布局的页面，在桌面浏览器中的显示效果如图 5.9 所示。

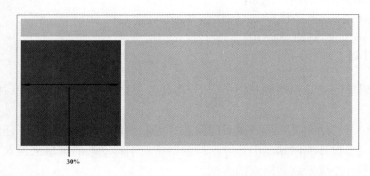

图5.9　桌面浏览器中，width为30%的侧边栏占视口宽度的30%

aside 占用了 body 宽度的 30%，body 没有被显式声明宽度，因此占用了它的父级包含块 html 元素宽度的 100%。

在桌面上，视口的宽度和浏览器窗口的宽度一致，因此，先不管 padding 和 margin，html 和 body 元素都与浏览器窗口的宽度一致。这就是为什么 aside 占用了浏览器宽度的 30%。读者需要先清晰地理解这个机制以便学习下面的内容。

1．布局视口

小屏幕移动设备（甚至大部分平板电脑）的问题是，如果其视口宽度和浏览器窗口宽度一样会导致很丑陋的显示效果。移动设备或平板电脑浏览器的通常宽度为 240px～

640px，而大多数桌面网站宽度都大于 800px，更多的是 1024px。所以，为桌面浏览器设计的宽度为 30%的 aside 在手机上看起来将会非常窄，如图 5.10 所示。

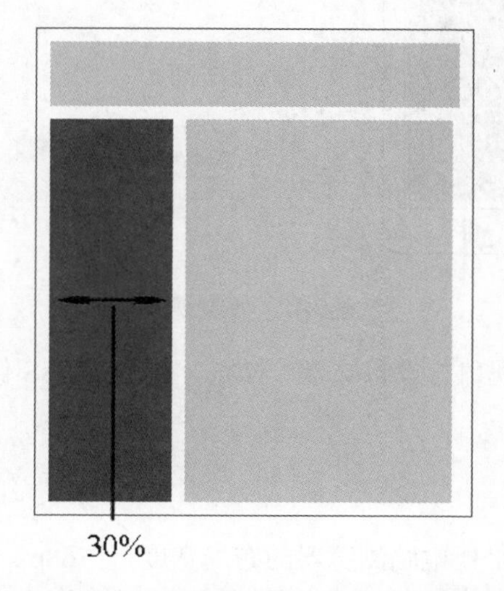

图5.10　狭窄的屏幕上网站会在水平方向被挤扁

当窗口变窄时，只能尽可能缩小网站来让用户看到网站的全貌，这对易读性来说不是好事。将手机上的视口与移动浏览器屏幕宽度不再关联，而是让其完全独立，称为布局视口。具体表现如图 5.11 所示。

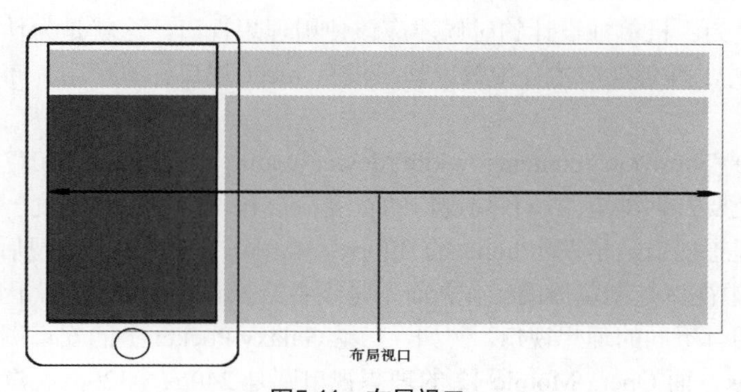

图5.11　布局视口

从图 5.11 中可以发现，为了在手机上容纳桌面浏览器设计的网站，默认的布局视口宽度远大于手机屏幕的宽度。

2. 视觉视口

虽然独立布局视口在很大程度上改善了桌面网站到手机的迁移，但是也不能完全无视移动端设备的屏幕尺寸。接下来要讲的视觉视口提供了另一种解决方案。

视觉视口是用户正在看的网站区域。用户可以通过缩放来操作视觉视口，同时不会影响布局视口，布局视口仍然保持原来的宽度，如图 5.12 所示。通常情况下，视觉视口对 Web 开发者来说并不重要，简单了解即可。

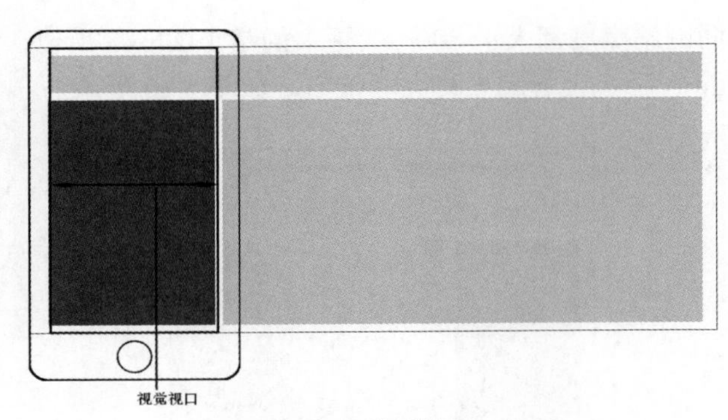

图5.12　视觉视口

需要注意的是，视觉视口与设备屏幕一样宽，并且其 CSS 像素的数量会随着用户的缩放而改变。

3. 理想视口

默认情况下，手机或平板电脑浏览器的布局宽度是 768px～1024px。虽然这能让桌面网站不被压扁，但是并不理想，尤其是对手机用户来说，因为在狭窄的屏幕上更适合显示一个狭窄的网站。

换句话说，布局视口的默认宽度并不是一个理想的宽度。这也是引入理想视口的原因。它是对设备来说最理想的布局视口尺寸。显示在理想视口中的网站拥有最理想的浏览和阅读宽度，用户刚进入页面的时候也不需要缩放。

只有网站是为手机单独设计的时候才应该使用理想视口。这就是为什么向页面里添加 meta 视口标签时，理想视口才会生效。如果没有 meta 视口标签声明，布局视口将会维持它的默认宽度。

```
<meta name="viewport" content="width=device-width, initial-scale=1.0 "/>
```

这行代码是要告诉浏览器，布局视口的宽度应该和理想视口的宽度一致。

最著名的理想视口是早期 iPhone 的 320px×480px，iPhone 5 出现后升级为 320px×568px。定义理想视口是浏览器的工作，而不是设备或操作系统的工作。因此，同一设备上的不同浏览器拥有不同的理想视口。例如，三星 Galaxy Pocket 上的安卓浏览器的理想视口是 320px×427px，而 Opera Mobile 12 的理想视口则是 240px×320px。浏览器的理想视口大小也取决于它所处的设备。三星 Galaxy S4 上的 Chrome 浏览器的理想视口是 360px×640px，而在 Nexus 7 上，则是 601px×962px。原因很明显：Nexus 7 是一个平板电脑，拥有更宽的屏幕，因此理想视口也应该更宽。

开发人员可以直接告诉浏览器使用它的理想视口，接着再使用媒体查询和一些可变单位来保证网站能响应不同的理想视口，而不管这个浏览器的理想视口是多少。

下面把几种视口梳理一下。

- 在桌面浏览器中，浏览器窗口就是约束 CSS 布局的视口，它决定了用户可以看到什么。
- 在手机上，桌面视口被拆分成两个：布局视口会限制 CSS 布局，视觉视口会决定用户能看到什么。

➢ 移动端浏览器还有一个理想视口，明确规定了特定设备上的特定浏览器的布局视口的理想尺寸。

上面也提到了，让视口变为理想视口的一个重要因素就是视口标签 meta，接下来就详细地讲解一下视口标签。

5.3.2 视口标签

meta 视口标签让布局视口的尺寸和理想视口的尺寸匹配，是由 Apple 发明的，其他手机和平板电脑复制了它的大部分内容。桌面浏览器不支持它，也不需要它，因为没有理想视口的概念。meta 视口标签应该放在文档的 head 标签中。

```
<meta name="viewport" content="width=device-width, user-scalable=no, initial-scale=1.0, maximum-scale=1.0, minimum-scale=1.0"/>
```

在网页中写不写这行代码究竟有什么区别，下面通过示例 2 来分析一下。

示例 2

```
<!DOCTYPE html>
<html>
<head lang="en">
    <meta charset="UTF-8">
    <title>视口标签</title>
</head>
<body>
    <p>大家来观察没有写视口标签和添加视口标签的区别</p>
</body>
</html>
```

这是一个很简单的网页，现在需要在手机浏览器上运行它，用前面学习过的移动模拟器来观察，如图 5.13 所示。

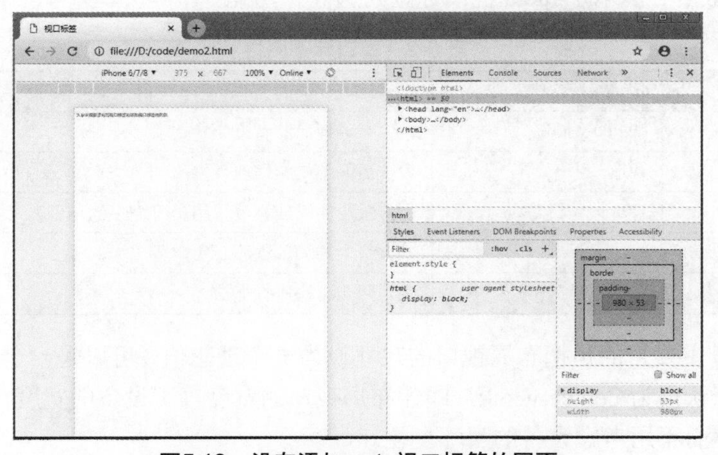

图5.13　没有添加meta视口标签的网页

使用 iPhone 6 来模拟查看效果，根本看不清浏览器中的内容是什么。因为原本是在桌面浏览器上浏览的内容，现在放到手机上预览，又没做任何设置，屏幕变小了很多，内容就只能被压缩了。解决的办法就是在理想视口下预览。在示例 2 的 head 标签中添加以下代码。

```
<meta name="viewport" content="width=device-width, user-scalable=no, initial-scale=1.0,
maximum- scale=1.0, minimum-scale=1.0"/>
```

再用 iPhone 6 来模拟查看，效果如图 5.14 所示。

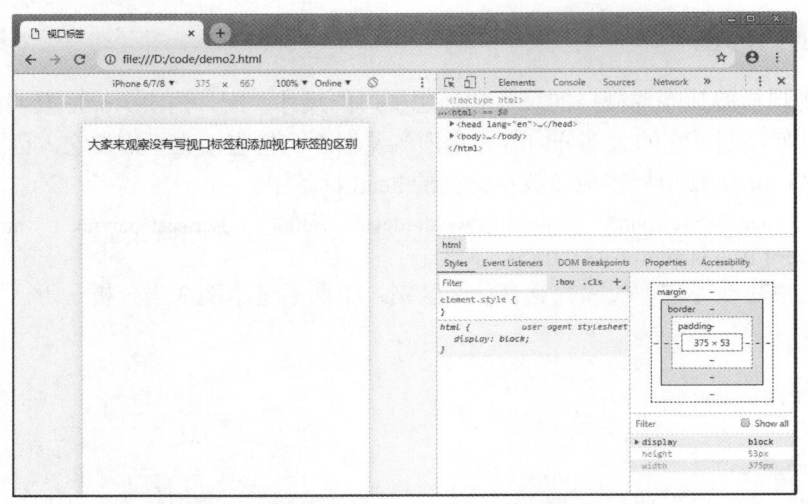

图5.14　添加meta视口标签后的网页

经验

在 Webstorm 编辑器中输入"meta:vp"后按 Tab 键，就可以生成 meta 视口标签及一些默认属性。一般情况下就是使用这些默认属性，不需要更改。

从上面的示例及效果图可以看出，对于移动网页开发来说，meta 视口标签是必不可少的元素之一。表 5-2 展示了 meta 视口标签的属性和功能。

表 5-2　视口标签属性

属性名	默认值	功　能
width	device-width	设置布局视口的宽度为特定值
initial-scale	1.0	设置页面的初始缩放程度
minimum-scale	1.0	设置最小的缩放程度（用户可缩小的程度）
maximum-scale	1.0	设置最大的缩放程度（用户可放大的程度）
user-scalable	no	是否阻止用户进行缩放

- width：主要目的是把布局视口的尺寸设为一个理想值，可以是一个具体的像素值。不过默认值为 device-width，即让布局视口的宽度等于设备的宽度。这样可以灵活变通，而不用考虑设备的尺寸变化。
- initial-scale：设置页面的初始缩放程度。1 代表 100%，2 表示 200%，以此类推。
- minimum-scale 和 maximum-scale：设置缩放程度的最小值和最大值。经常出现的问题是修改了 initial-scale 的值，却没有任何效果，原因是没修改 maximum-scale

的默认值。如果最大缩放程度设置为 1，initial-scale 怎么修改都没用。

这几个属性值需要大家通过示例都实践一遍，加深理解并方便后续的使用。

任务 4　设备像素比

在讲解模拟器 Emulation 的时候我们曾见到 Resolution（设备像素）和 Device pixel ratio（设备像素比），它们表示什么呢？

1. 设备像素

我们比较熟悉的就是在 CSS 中设置的单位像素值。比如：width:200px，表示元素的宽度为 200 像素，其正式称谓是 CSS 像素，是在 CSS（和 JavaScript）中使用的一个抽象值。设备像素是指设备屏幕的物理像素，任何设备的物理像素的数量都是固定的。

- 在旧的手机屏幕上，当缩放程度为 100%时，一个 CSS 像素等于一个设备像素。
- 在高密度屏幕上，例如 iPhone 的视网膜屏幕，一个 CSS 像素往往跨越多个设备像素。
- 如果屏幕缩小到足够小，一个 CSS 像素会变得比一个设备像素还小。

width 为 200px 的元素跨越了 200 个 CSS 像素。200 个 CSS 像素相当于多少个设备像素取决于屏幕的特性（是否高密度）和用户采用的缩放。用户缩放得越大，一个 CSS 像素覆盖的设备像素就越多。并且，在 iPhone 的视网膜屏幕上，视网膜屏幕的像素密度是普通屏幕的两倍，即这个元素跨越了 400 个设备像素；如果继续放大元素，它将跨越更多的设备像素。

每一个 CSS 和 JavaScript 测试返回的元素宽度仍然为 200px。当使用 CSS 和 JavaScript 的时候，不必在意一个 CSS 像素跨越了多少个设备像素。这个依赖于屏幕特性和用户缩放程度的复杂计算交给浏览器即可。开发者可以专心地使用 CSS 像素，不用操心屏幕上发生了什么事情。

2. 设备像素比

JavaScript 有一个属性 Window.devicePixelRatio，CSS 也有一个属性 device-pixel-ratio，它们都和物理分辨率无关，而是提供了设备像素个数和理想视口的比，称为设备像素比（Device Pixel Ratio，DPR）。

3. DPI

用像素的数量除以以英寸为单位的屏幕宽度可以得到设备每英寸的点数（简称 DPI）。每英寸内的像素数量越多越好，较高的 DPI 意味着画面会更清晰。

早期 iPhone 的设备宽度是 320 个物理像素，理想视口的宽度也是 320 个像素。因此，设备像素比（DPR）是 1。后来 iPhone 的设备宽度变为 640 个物理像素，而此时理想视口宽度仍然为 320 个像素，因此设备像素比变成了 2。

DPI 不一定是整数。三星 Galaxy Pocket 的理想视口与 iPhone 的宽度一样是 320px，但这个设备的宽度只有 240 个设备像素，因此它的 DPI 是 0.75。

任务 5 实现移动端布局

在页面整体布局中，页面元素的尺寸大小（长度、宽度、内外边距等）和页面字体的大小也很重要。一个合理的设置会让页面看起来层次分明、重点鲜明、赏心悦目。反之，一个不友好的页面尺寸和字体大小设置，会增加页面的复杂性，加大用户对页面理解的难度。为了提高页面布局的可维护性和可扩展性，可以尝试将页面元素的大小，以及字体的大小都设置为相对值，而不是孤立的固定像素点，使其在父元素的尺寸发生变化的同时，也能随之变化。

在 CSS 中，W3C 文档把尺寸单位划分为两类：相对长度单位和绝对长度单位。相对长度单位按照不同的参考元素，又可以分为字体相对单位和视窗相对单位。字体相对单位有 em、ex、ch、rem，视窗相对单位则包含 vw、vh、vmin、vmax 几种。绝对定位是固定尺寸，采用的是物理度量单位：cm、mm、in、px、pt 以及 pc。但在实际应用中，则是广泛地使用 em、rem、px 以及百分比（%）来度量页面元素的尺寸。

5.5.1 使用 em 布局网页内容

em 用于描述相对于当前对象内文本的字体尺寸，它是相对长度单位。一般浏览器字体大小默认为 16px。接下来，我们就通过示例 3 来分析 em 的用法和特性。

示例 3

```
<!DOCTYPE html>
<html>
<head lang="en">
    <meta charset="UTF-8">
    <title>相对单位 em</title>
    <meta name="viewport" content="width=device-width, user-scalable=no, initial-scale=1.0, maximum-
        scale=1.0, minimum-scale=1.0"/>
    <style>
        html{   font-size: 1em;     }
    </style>
</head>
<body>
    <div>   我是 div 里的内容
            <p>  我是 div-->p 里面的内容 <br/>    <span>  我是 div-->p-->span 里的内容   </span> </p>
    </div>
</body>
</html>
```

在移动模拟器中测试，显示效果如图 5.15 所示。

如果给 div 也设置了字体大小，代码如下。

```
div{ font-size: 1.5em; }
```

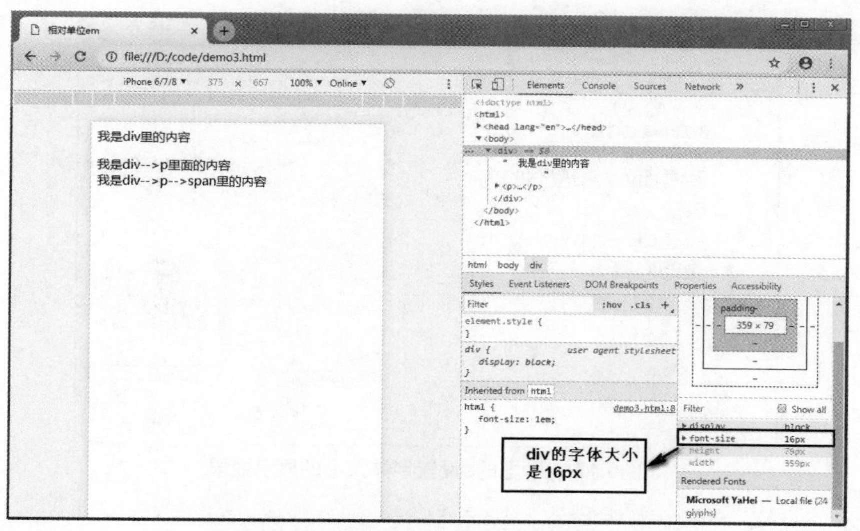

图5.15　浏览器默认的1em等于16px

此时在浏览器中预览的显示效果如图 5.16 所示。div 的字体设置为 1.5em 之后，从浏览器控制台可以看到，div 里的字体大小为 24px。这个 24px 是怎么得来的呢？从图 5.15 中可以得知浏览器的默认字体是 16px，即 html 和 body 相互继承下来都是 16px，包括 div 也是 16px，如今 div 定义了自己的字体是 1.5em，那么字体大小就等于 16px×1.5=24px。

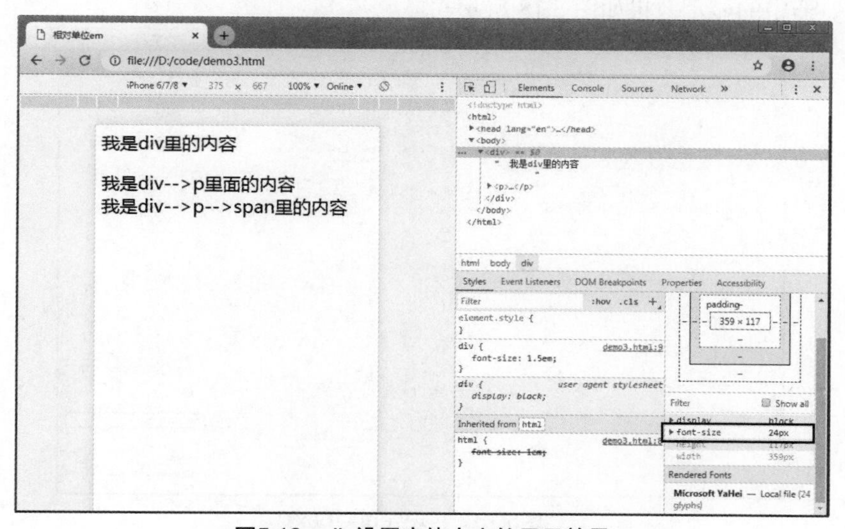

图5.16　div设置字体大小的显示效果

接着给 div 里的 p 元素设置字体大小，代码如下所示。

```
p{font-size: 1.5em;}
```

此时在浏览器中的显示效果如图 5.17 所示。给 p 元素设置的字体大小是 1.5em，从浏览器中可以发现 p 目前的大小是 36px（继承自父级的 24px×1.5=36px）。

同理，使用相对单位 em 来设置 span 的字体，结果也是先继承父级元素的字体大小，再乘以自己设置的值。于是，可以得出相对单位 em 的特性。

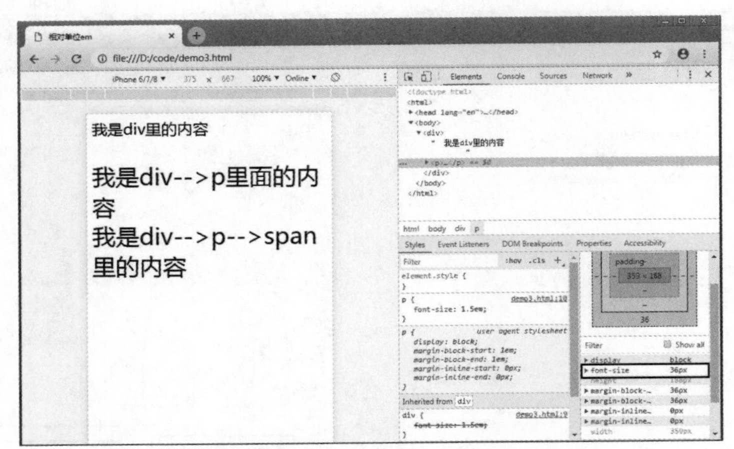

图5.17　div里的p设置字体大小的显示效果

➢ em 的值并不是固定的。
➢ em 会继承父级元素的字体大小（相对父级元素的字体大小发生变化）。

如果每次都去乘父级元素的大小也很麻烦。要是能让 1em 等于 10px，那么计算起来就方便了，2em 就是 20px。应该怎样设置呢？在示例 3 的基础上修改代码如下所示。

```
body{ font-size: 62.5%; }
div{ font-size: 1.8em; }
```

在浏览器中的显示效果如图 5.18 所示。

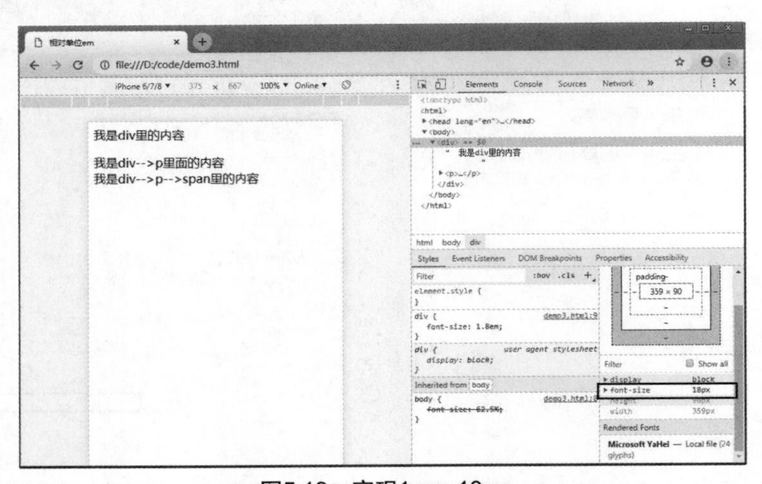

图5.18　实现1em=10px

从图 5.18 可以发现，div 设置为 1.8em，在浏览器中看到的字体大小就是 18px。为什么可以实现这样的效果呢？关键就是它的父级元素设置字体大小为 62.5%，也可以写为 0.625em。前面说过浏览器的默认大小是 16px，这和设置为 100%的结果是一样的。现在让它变为 10px，不就是 62.5%吗？

经验

常见的 px 和 em 转化表如图 5.19 所示。

Pixels	EMs	Percent	Points
6px	0.375em	37.5%	5pt
7px	0.438em	43.8%	5pt
8px	0.500em	50.0%	6pt
9px	0.563em	56.3%	7pt
10px	0.625em	62.5%	8pt
11px	0.688em	68.8%	8pt
12px	0.750em	75.0%	9pt
13px	0.813em	81.3%	10pt
14px	0.875em	87.5%	11pt
15px	0.938em	93.8%	11pt
16px	1.000em	100.0%	12pt
17px	1.063em	106.3%	13pt
18px	1.125em	112.5%	14pt
19px	1.188em	118.8%	14pt
20px	1.250em	125.0%	15pt
21px	1.313em	131.3%	16pt
22px	1.375em	137.5%	17pt
23px	1.438em	143.8%	17pt
24px	1.500em	150.0%	18pt

图5.19　px和em转换表

5.5.2　使用 rem 布局网页内容

rem（root em，根 em）是 CSS3 新增的一个相对单位，它与 em 的区别在于使用 rem 为元素设定字体大小时，仍然是相对大小，但相对的是 HTML 根元素。rem 集相对大小和绝对大小的优点于一身，通过它既可以做到只修改根元素就能成比例地调整所有字体大小，又可以避免字体大小逐层复合的连锁反应。目前，除了 IE8 及更早版本外，所有浏览器均已支持 rem。对于不支持 rem 的浏览器，只需增加一个绝对单位的声明即可，这些浏览器会忽略用 rem 设定的字体大小。下面通过示例 4 来详细讲解。

示例 4

```
<!DOCTYPE html>
<html>
<head lang="en">
    <meta charset="UTF-8">
    <meta name="viewport" content="width=device-width, user-scalable=no, initial-scale=1.0, maximum-scale=1.0, minimum-scale=1.0"/>
    <title>相对单位 rem</title>
    <style>
        html{   font-size: 1rem;   }
    </style>
</head>
<body>
    <div>
        我是 div 里的内容  <p>  我是 div-->p 里面的内容  <br/>  <span> 我是 div-->p-->span 里的内容 </span>  </p>
    </div>
```

```
</body>
</html>
```

示例 4 在浏览器中的显示效果如图 5.20 所示。

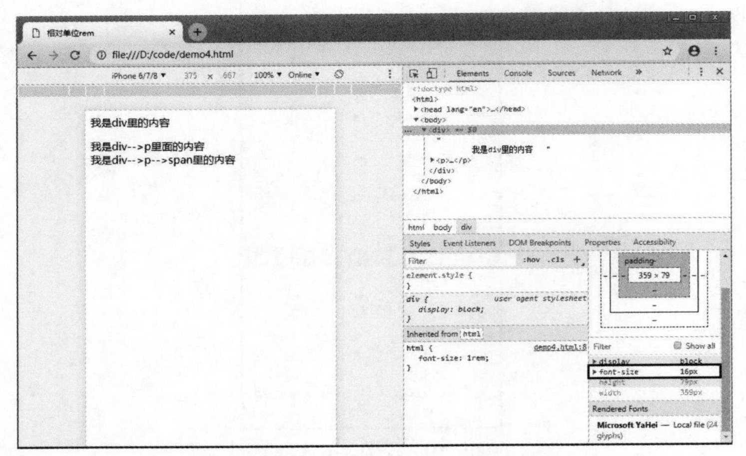

图5.20　浏览器默认的1rem等于16px

从图 5.20 可以看出，rem 和 em 一样，默认的 html 字体大小是 16px，所以 1rem 为 16px。接着给 div 设置字体大小，如下所示。

```
div{    font-size: 1.5rem;    }
```

在浏览器中的显示效果如图 5.21 所示。

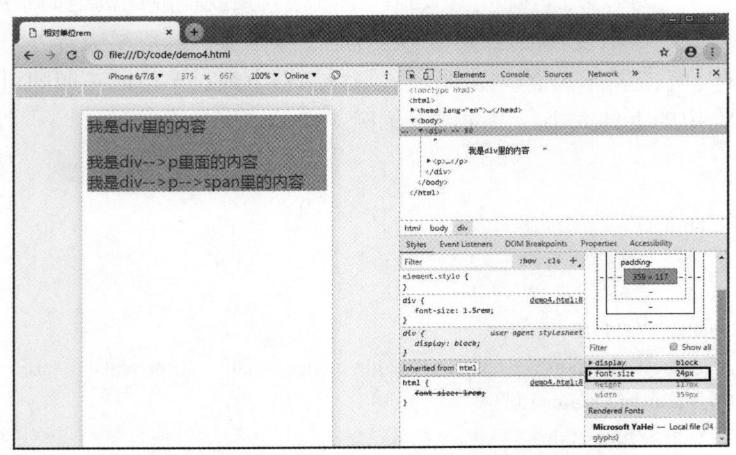

图5.21　给div元素设置rem相对单位的显示效果

不难理解设置 div 的字体大小为 1.5rem，在控制台中看到 div 的大小为 24px。计算方法和 em 一样，这里就不再重复了。接下来再给 div 的子元素 p 设置字体大小。

```
p{ font-size: 1.5rem; }
```

在浏览器中的显示效果如图 5.22 所示。

在图 5.22 中，发现 p 的字体大小还是 24px，没有发生变化。这就是 rem 和 em 最大的区别。由此可以得出相对单位 rem 的如下特点。

➢ rem 的值并不是固定的。

➢ rem 是相对根节点 html 发生变化的（和父节点无关）。

图5.22　给div的子元素p设置rem相对单位的显示效果

➢ rem 与 px 之间的换算和 em 一样。

➢ 实际开发中一般默认把 html 根节点设置为 10px（62.5%），方便后续计算。

现在知道了 rem 的特性，接下来通过示例 5 来分析如何在实际的开发中应用 rem。

示例 5

```
<!—主要的 HTML 结构代码-->
<section class="secBox">
    <div class="superMarket"> <h2>农夫果院水果超市</h2> </div>
    <div class="supContent"> <img src="images/food2.png" alt="">
        <div class="foodbox">
            <p class="foodName">[海报畅销]草原情休闲奶酪酸奶条 150g/袋</p>
            <span class="foodStyle">颜色：米黄（香甜型）</span>
            <span class="foodNum">×1</span>
        </div>
        <span>￥6.80</span>
</div>
<!—省略部分 HTML 代码-->
</section>
```

CSS 样式代码如下：

```
/*省略部分 CSS 清除默认样式的代码*/
html, body {background: #eee; font-size: 10px;}
.secBox {margin-top: 1rem;}
/*标题部分的样式*/
.superMarket {padding: 0 1rem; background: #fff; height: 3.5rem;
border-bottom: 1px solid #d8d8d8; width: 100%;box-sizing: border-box; }
.superMarket h2 {line-height: 3.5rem;}
/*订单列表部分的样式*/
.supContent {overflow: hidden; padding: 1rem; border-bottom: 1px solid #d8d8d8; }
```

```
.supContent img {float: left; width: 6.5rem; height: 6.5rem;}
.foodbox {float: left; width: 50%;padding: 0 1rem; }
.foodName .supContent>span {font-size: 1.4rem; color: #666;}
.foodStyle {display: block; height: 1.6rem; line-height: 1.6rem;
font-size: 1.4rem; color: #ababab;}
.foodNum {font-size: 1.4rem; color: #666;}
.supContent>span {float: right;}
```

JavaScript 代码如下：

```
$(function(){
    function setRem(){
        var clientWidth=$(window).width();
        var nowRem=(clientWidth/375*10);
        $("html").css("font-size",parseInt(nowRem, 10)+"px");
    };
    setRem();
    $(function(){
        var timer;
       $(window).bind("resize",function(){
            clearTimeout(timer);
            timer=setTimeout(function(){
                setRem();
            }, 100)
        })
    });
});
```

在浏览器中使用 iPhone 5 模拟查看的效果如图 5.23 所示，使用 iPhone 6 模拟查看的效果如图 5.24 所示。

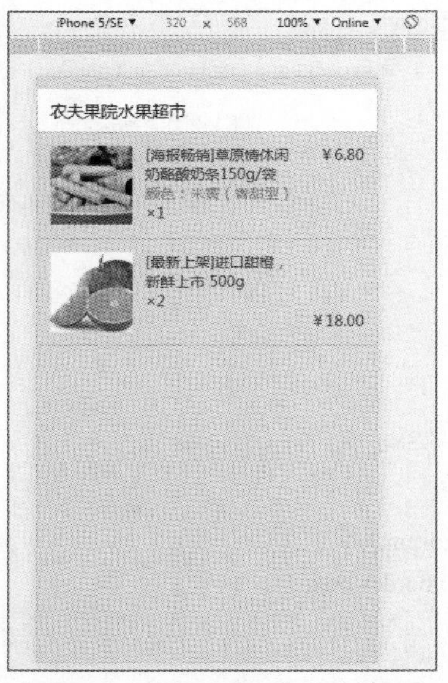

图5.23　iPhone 5中显示效果

图5.24　iPhone 6中显示效果

从上面的图中可以看出在不同的手机上显示都很好，接下来对示例 5 进行解析。布局移动页面和布局 PC 页面的基本操作是一样的。

（1）从示例 5 中会发现布局、样式（浮动、盒模型、背景、字体等）基本还和以前一样，最明显的变化就是把单位 px 换成了 rem，然后通过 JavaScript 动态改变根节点，就可以适应不同分辨率的手机了。

（2）还有一点不能忽视，就是让页面在理想视口下预览，所以必须在 head 元素里添加 meta 视口标签。

经验

实际项目中使用 rem 须知：

（1）使用 rem 布局，为了方便计算，可以把 HTML 根节点设置为 10px 或者 100px。

（2）一般在实际的项目中，设计师给的设计图都是实际要开发的两倍。比如设计师根据 iPhone 6 的尺寸来设计，设计稿会设计成 750px。但通过 Chrome 模拟器发现，iPhone6 的屏幕宽度是 375px×667px，开发中也是按 375px 来设计的。如果在设计图中测量出是 400px，那么应该在 CSS 中写 200px，为了能自适应，把 200px 改为以 rem 为单位的值即可。

（3）利用 rem 布局好了针对 iPhone6 的页面，想支持更多的手机设备，只需通过 JavaScript 更改 HTML 根节点的 font-size 值即可。如示例 5 中的 var nowRem=(clientWidth/375*10)这句代码，获取到屏幕的宽度再除以 375，这个 375 就说明设计稿是针对 iPhone6 设计的。如果设计稿是针对 iPhone4 设计的，也就是 640px，那么就写为 clientWidth/320*10，乘以 10 是放大 10 倍的意思，还有放大 100 倍的情况，这两个值都是根据设计稿和根节点的 font-size 来决定的。

提示

em 和 rem 不仅能设置字体大小，还能设置宽度和内外边距。它们和 px 一样，都是单位值，不同的只是它们各自依据自己的参照点（父级或根节点的字体大小）发生改变。

5.5.3 上机训练

上机练习——制作公司请假查询页面

制作如图 5.25 和图 5.26 所示的公司请假查询页面，要求如下。

（1）使用定义列表标签布局页面结构，标题的背景颜色是#4CCDE0。

（2）在理想视口下预览页面。

（3）使用相对单位 em 设置页面字体大小、宽度等尺寸。

（4）能让页面自适应不同型号的移动设备屏幕。

图5.25 iPhone 5下的显示效果

图5.26 iPhone 6下的显示效果

本章作业

一、选择题

1．下列选项中不属于移动浏览器的是（　　）。

A．内置浏览器　　B．可下载浏览器

C．代理浏览器　　D．Web 浏览器

2．下列关于移动开发测试浏览器描述正确的是（　　）。（选两项）

A．在 Device 中可以选择要测试的设备及型号，但是不可以切换横屏和竖屏

B．在模拟器中可以查看设备像素和设备像素比

C．在模拟器中可以模拟地理定位

D．Accelerometer 中的 α 表示设备绕 x 轴旋转的数值

3．下列选项中不属于移动端视口的是（　　）。

A．布局视口　　B．视觉视口　　C．浏览器视口　　D．理想视口

4．<meta name="viewport" content="width=device-width, user-scalable=no, initial-scale=1.0, maximum-scale=1.0, minimum-scale=1.0"/>，对上面这段代码描述不正确的（　　）。

A．它是响应式网页标签　　B. 它可以使页面处于理想视口状态

C．是移动网页独有的　　D．它设置最小的缩放程度是 1

5．下面关于相对单位描述不正确的是（　　）。

A．em 以父级元素作为参照

B．rem 以根节点 html 作为参照

C．rem 既可以做到只修改根元素就能成比例地调整所有字体大小，又可以避免字体大小逐层复合的连锁反应

D．em 既可以做到只修改根元素就能成比例地调整所有字体大小，又可以避免字体大小逐层复合的连锁反应

二、简答题

1．使用 Chrome 浏览器的移动端模拟器去测试一个在线的移动网页，分别去理解每个选项的功能。

2．em 和 rem 分别是什么？它们有什么区别？

3．制作安邦应用中心页面，显示效果如图 5.27 所示。要求如下。

（1）在理想视口下预览页面。

（2）使用相对单位 em 设置页面字体大小、宽度等尺寸。

（3）能让页面自适应不同型号的移动设备屏幕。

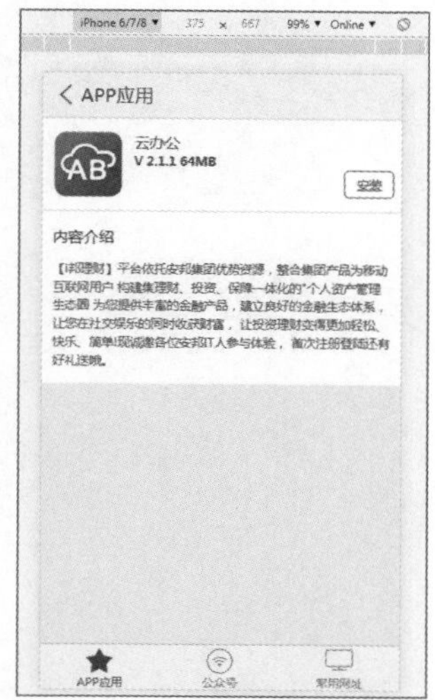

图5.27　安邦应用中心页面在iPhone 6下的显示效果

4．制作设置页面和商品收藏页面，页面效果如图 5.28 和图 5.29 所示。要求如下。

（1）使用 HTML5 结构元素布局页面，标题的背景颜色是 `#e6071b`。

（2）在理想视口下预览页面。

（3）使用相对单位 rem 设置页面字体大小、宽度等尺寸，并通过 JavaScript 代码获取设备屏幕的宽度，来调整 html 根节点的字体大小。

（4）能让页面自适应不同型号的移动设备屏幕。

图5.28　设置页面

图5.29　商品收藏页面

第 6 章

移动端事件与 Zepto 框架

本章任务

任务 1：使用移动端事件
任务 2：使用 Zepto 框架

技能目标

- ❖ 掌握移动端事件的使用
- ❖ 掌握 Zepto 常用方法、选择器的使用

本章知识梳理

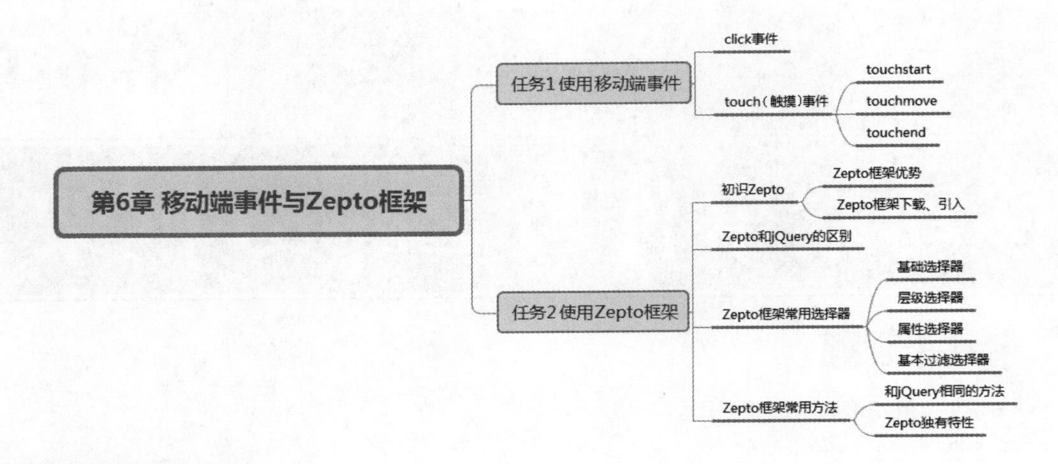

本章简介

前面学习了各种布局移动网页的方法，比如媒体查询、弹性布局、em 或 rem 相对单位布局等，使用这些技术可以布局出很漂亮的静态移动页面，但总是缺少些灵气，通过 JavaScript 可以添加一些动态交互。但是移动端和 PC 端还是有区别的，最明显的区别就是在移动端上使用手指而不是鼠标操作，所以一些事件方法会有所不同。

本章主要介绍移动触摸事件以及移动端专用的轻量级库 Zepto 的使用。

预习作业

简答题

（1）移动端开发特效和 PC 端有哪些不同？

（2）简述 Zepto 的作用。

任务 1 使用移动端事件

6.1.1 click 事件

提到网页元素的交互事件，最容易想到的就是 click 事件，这个事件也是 PC 端开发中使用最多的。那么在移动开发中，还可以使用 click 事件吗？在页面中有一个 span 元素，给它添加如下所示的 JavaScript 代码。

```
var span = document.getElementsByTagName('span')[0];
span.onclick = function () {
    alert('单击了 span 元素');
};
```

在模拟器中预览效果，如图 6.1 所示。

图6.1　移动开发中使用click事件

从图 6.1 中可以得到肯定的回答，就是在移动开发中也可以使用 click 事件。这是一个好消息，不仅当前所有的浏览器都支持 click 事件，而且将来的浏览器也会支持 click 事件。不过在触屏设备上，我们会遇到两个问题：click 延时和很少见的 click 事件难以触发。

6.1.2　touch（触摸）事件

click 事件使用的时候会有延迟，在一些需要左右滑动的特定移动端场合下，使用 PC 上的事件也不太可能实现。接下来介绍几个最常用的移动端事件，如表 6-1 所示。

表 6-1　触摸事件

事　件	描　述
touchstart	手指刚接触屏幕时触发
touchmove	手指在屏幕上移动时触发
touchend	手指从屏幕上移开时触发

上述事件得到了大多数触屏浏览器的支持，但 IE 浏览器是个例外。还有一些很早和不完善的浏览器也不支持，比如塞班 Anna 的默认浏览器；代理浏览器也不支持，因为这些事件不适用于代理浏览器。

下面通过一个示例来学习触摸事件。下拉菜单是很多网站中必不可少的功能，传统的下拉菜单是通过鼠标交互工作的。用户将鼠标悬停在某个下拉菜单按钮上，菜单弹出并展开；鼠标移开，菜单收起。

如何为下拉菜单增加对触摸事件的支持呢？直接将 mouseover 替换为 touchstart、将 mouseout 替换为 touchend 是不管用的。手指单击下拉菜单，弹出没什么问题，但如果用户想单击某个链接，手指一离开屏幕，touchend 就会触发，菜单就收起来了。显然是不行的。接下来通过示例 1 进行详细的分析。

示例 1

```
<!—省略部分代码-->
```

```
<span>span</span>
<div>div</div>
<script>
    var span = document.getElementsByTagName('span')[0];
    var div = document.getElementsByTagName('div')[0];
    span.touchstart = function(){
        div.style.display = "block";
    };
    span.touchend = function(){
        div.style.display = "";
};
</script>
<!—省略部分代码-->
```

在 Chrome 移动模拟器中模拟，发现鼠标触摸 span 元素没有任何效果。

这是为什么呢？其实并不是代码写错了，而是 Chrome 浏览器支持移动触摸事件的前提是先要在浏览器中配置 path 路径。那么不配置是否就不能使用呢？把示例 1 代码修改为如下所示。

```
span.addEventListener('touchstart',function(){
    div.style.display = "block";
},false);
span.addEventListener('touchend',function(){
    div.style.display = "";
},false);
```

提示

addEventListener 是一个侦听事件，一般有三个参数：第一个参数是事件的类型，第二个参数是侦听到事件后处理事件的函数，第三个参数是事件捕获（只有两个值：true 或 false）。

再次刷新浏览器，显示效果如图 6.2 所示。

当鼠标触摸到 span 元素的时候，div 元素显示。图 6.2 是一直触摸 span 元素的情况（在模拟器上是鼠标按下状态），当不触摸 span 元素了（也就是手指不触摸了，在模拟器上是鼠标弹起状态），那么就触发 touchend 事件，div 就消失了。

在事件处理函数内可以使用 event.preventDefault()方法来阻止屏幕的默认滚动。

除了常用的 DOM 属性，触摸事件还包含下列三个用于跟踪触摸的属性。

- touches：当前跟踪的触摸操作的 touch 对象数组。
    - 当一个手指在触屏上时，event.touches.length=1。
    - 当两个手指在触屏上时，event.touches.length=2，以此类推。
- changedTouches：导致触摸事件被触发的 touch 对象数组，如图 6.3 所示。
- targetTouches：特定于事件目标的 touch 对象数组，如图 6.4 所示。

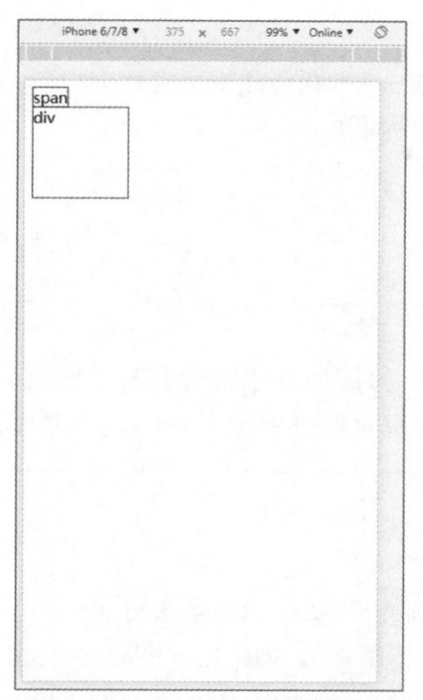

图6.2　touchstart执行时的效果

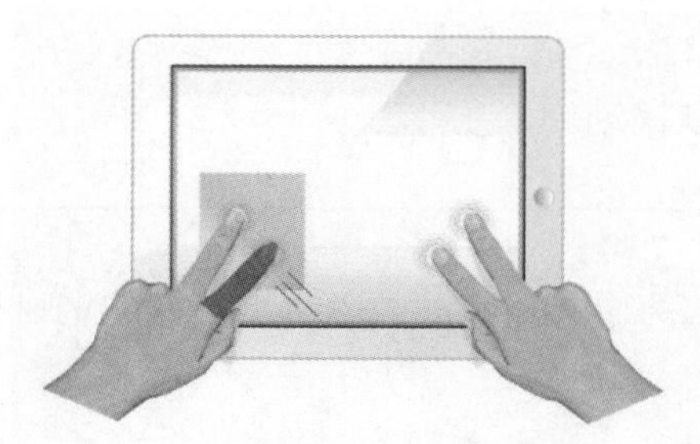

图6.3　changedTouches数组中只包含引起事件的触摸信息的那一个移动手指

图6.4　targetTouches数组中包含放在元素上的那两个手指对应的触摸信息

touch 对象数组中的元素也可以像普通数组那样用数字索引，数组中的元素包含了触摸点的有用信息，尤其是坐标信息。具体如表 6-2 所示。

表 6-2　触摸事件坐标属性

属　性	描　述
clientX	触摸目标在视口中的 x 坐标
clientY	触摸目标在视口中的 y 坐标
identifier	标识触摸的唯一 ID
pageX	触摸目标在页面中的 x 坐标
pageY	触摸目标在页面中的 y 坐标
screenX	触摸目标在屏幕中的 x 坐标
screenY	触摸目标在屏幕中的 y 坐标
target	触摸的 DOM 节点目标

上述属性的使用方法如下代码所示。

```
function handleTouch(e){
    //如果需要，用 pageX 或 pageY 代替 clientX 或 clientY
    var touch = e.changedTouches[0];
    var coorX = touch.clientX;
    var coorY = touch.clientY;
}
```

提示

clientX/Y 和 pageX/Y 的区别在于前者相对于视觉视口的左上角，后者相对于布局视口的左上角，而布局视口是可以滚动的。具体用哪组坐标取决于想要做什么。

6.1.3 上机训练

上机练习 1——制作美联英语在线 VIP 焦点图

制作如图 6.5 所示的美联英语在线 VIP 焦点图，要求如下。

（1）使用移动触摸事件 touchstart、touchmove、touchend 制作焦点图。

（2）使用 translateX 控制焦点图的水平位置。

（3）使用 pageX 获取触摸目标在页面中的 x 坐标。

（4）使用 event.preventDefault()阻止屏幕的默认滚动。

提示

通过 JavaScript 也可以操作 translateX，因为它也是一个 CSS 属性，使用的时候就和 JavaScript 操作 display 等属性一样。

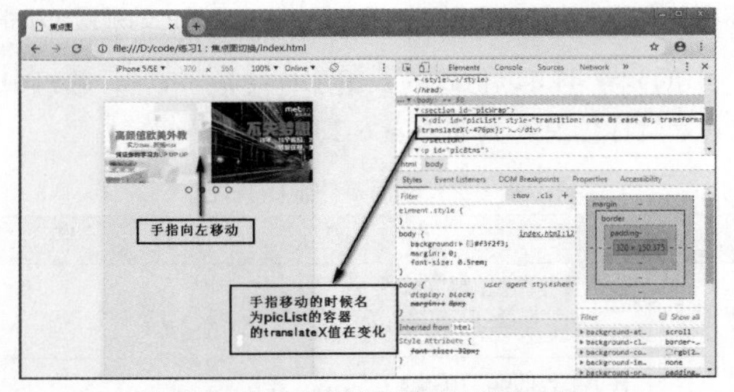

图6.5 制作美联英语在线VIP焦点图

提示

由于在实际的开发过程中，使用 touch 事件的情况很少，大多数公司都会采用一些插件、框架等来开发，所以关于触摸方面的知识就不再介绍了，感兴趣的读者可以自己查阅资料了解。

任务 2　使用 Zepto 框架

6.2.1　初识 Zepto

Zepto 是一个轻量级的针对现代浏览器的 JavaScript 库，Zepto.js 是专门为智能手机浏览器推出的 JavaScript 框架，它的设计目的是提供与 jQuery 类似的 API，但并没有 100%覆盖 jQuery。Zepto 拥有和 jQuery 相似的语法，但是具有很多优点，压缩后的 zepto.min.js 只有 21KB，使用服务器端 gzip 压缩后只有 5KB～10KB，可以说非常小，但是功能很齐全，提供了一些响应触摸屏的事件。

需要注意的是，Zepto 的一些可选功能是专门针对移动端浏览器的，因为它的最初设计目标是在移动端提供一个精简的类似 jQuery 的 js 库。

在浏览器（Safari、Chrome 和 Firefox）上开发页面应用或者构建基于 HTML 的 Web-view 本地应用（例如 PhoneGap），使用 Zepto 是一个不错的选择。

Zepto 希望在所有的现代浏览器中作为一种基础环境来使用，但它不支持旧版本的 Internet Explorer 浏览器（版本 10 以下），不过用它来开发 iPhone 和 Android 网页绝对是首选了。

1．Zepto 框架优势

通过前面的介绍了解到 Zepto 的使用方法同 jQuery 相似，相比而言，Zepto 框架还具有以下优势。

- 更小型的 JavaScript 框架。
- 完全兼容 jQuery 语法。
- 精简大量浏览器兼容性代码，更轻量。
- 封装了移动端手势。

2．Zepto 框架下载、引入

既然 Zepto 框架对于移动开发有这么多好处，那么在哪里下载呢？在官网上单击 Download 打开下载页面，可以看到两个按钮，分别提供了压缩版的 Zepto 和未压缩的 Zepto，具体如图 6.6 所示。

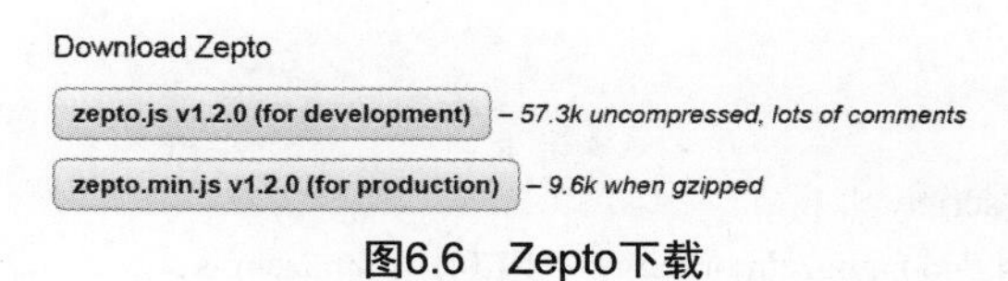

图6.6　Zepto下载

下载的压缩版 Zepto 文件只包括 core、Ajax、Event、Form、IE 这些模块，并没有包括 Effects 和 Touch 模块，所以后续在使用的时候还需要添加相关的插件或重新下载完整版的 Zepto（后面会详细讲解）。

Zepto 的使用方法非常简单，和引入任何一个 JavaScript 框架或插件一样，用一个 Script 标签即可将 Zepto 引入到页面的底部。

```
...
<script src=zepto.min.js></script>
</body>
</html>
```

6.2.2 Zepto 和 jQuery 的区别

Zepto 和 jQuery 虽然有很多功能相似，但是也存在一些不同之处，下面先来了解一下它们的区别。

（1）针对移动端程序，Zepto 提供了一些基本的触摸事件，用来做触摸屏交互（后面会详细讲解），但 Zepto 不支持 IE 浏览器。

（2）Dom 操作的区别：添加 id 时 jQuery 不会生效而 Zepto 会生效。

jQuery 中的写法如下：

```
(function($) {
    $(function() {
        var $insert = $('<p>jQuery 插入</p>', {
            id: 'insert-by-jquery'
        });
        $insert.appendTo($('body'));
    });
})(window.jQuery);    // <p>jQuery 插入<p>
```

Zepto 中的写法如下：

```
Zepto(function($) {
    var $insert = $('<p>Zepto 插入</p>', {
        id: 'insert-by-zepto'
    });
    $insert.appendTo($('body')); // <p id="insert-by-zepto">Zepto 插入</p>
});
```

（3）事件触发的区别：使用 jQuery 时 load 事件的处理函数不会执行；使用 Zepto 时 load 事件的处理函数会执行。

jQuery 中的写法如下：

```
(function($) {
    $(function() {
        $script = $('<script />', {
            src: 'http://cdn.amazeui.org/amazeui/1.0.1/js/amazeui.js',
            id: 'ui-jquery'
        });
        $script.appendTo($('body'));
        $script.on('load', function() {
            console.log('jQ script loaded');
        });
    });
```

```
})(window.jQuery);
```

Zepto 中的写法如下：

```
Zepto(function($) {
    $script = $('<script />', {
        src: 'http://cdn.amazeui.org/amazeui/1.0.1/js/amazeui.js',
        id: 'ui-zepto'
    });
    $script.appendTo($('body'));
    $script.on('load', function() {
        console.log('zepto script loaded');
    });
});
```

（4）对事件委托的处理，二者并无区别。

```
var $doc = $(document);
$doc.on('click', '.a', function () {
    alert('a 事件');
    $(this).removeClass('a').addClass('b');
});
$doc.on('click', '.b', function () {
    alert('b 事件');
});
```

从上面的代码中可以发现，在 Zepto 中，当 a 被单击后，依次弹出为“a 事件”和“b 事件”，说明虽然事件委托在.a 上，却也触发了.b 上的委托。但是，在 jQuery 中，只会触发.a 上面的委托弹出“a 事件”。

在 Zepto 中，将 document 上所有的 click 委托事件都依次放入一个队列中，单击的时候先看当前元素是不是.a，是则执行，然后查看是不是.b，是则执行。而在 jQuery 中，document 上委托了两个 click 事件，单击后通过选择符进行匹配，来执行相应元素的委托事件。

（5）width()和 height()的区别：Zepto 由盒模型（box-sizing）决定宽/高，用.width()返回赋值的 width，用.css('width')返回包含 border 等的结果。jQuery 则会忽略盒模型，始终返回内容区域的宽/高（不包含 padding、border）。

（6）offset()的区别：Zepto 返回{top,left,width,height}，jQuery 返回{width,height}。

（7）Zepto 无法获取隐藏元素的宽高，jQuery 则可以。

（8）Zepto 中没有为原型定义 extend 方法，而 jQuery 有定义。

（9）Zepto 的 each 方法只能遍历数组，不能遍历 JSON 对象。

6.2.3　Zepto 框架常用选择器

说到选择器，我们自然联想到层叠样式表（Cascading Style Sheets，CSS）。在 CSS 中，选择器的作用是获取元素，为其添加 CSS 样式，美化其外观；而 Zepto 中的选择器，不仅良好地继承了 CSS 选择器的语法，还继承了其获取页面元素便捷高效的特点。Zepto 选择器与 CSS 选择器的不同之处在于：Zepto 选择器获取元素之后，为该元素添加的是行为，因此使页面交互变得更加丰富多彩。

1．基本选择器

Zepto基本选择器与CSS基本选择器相同，继承了CSS选择器的语法和功能，主要由元素标签名、class、id和多个选择器组成。通过基本选择器可以完成大多数页面元素的查找。基本选择器是Zepto中使用频率最高的，主要包括标签选择器、类选择器、ID选择器、并集选择器、交集选择器和全局选择器。关于Zepto基本选择器的详细说明如表6-3所示。

表6-3　基本选择器

名　称	语法构成	描　述	返回值	示　例
标签选择器	element	根据给定的标签名匹配元素	元素集合	$(" h2")选取所有h2元素
类选择器	.class	根据给定的class匹配元素	元素集合	$(" .title")选取所有class为title的元素
ID选择器	#id	根据给定的id匹配元素	单个元素	$(" #title")选取id为title的元素
并集选择器	selector1,selector2,...,selectorN	将每一个选择器匹配的元素合并后一起返回	元素集合	$(" div,p,.title ")选取所有div、p和class为title的元素
交集选择器	element.class或element#id	匹配指定class或id的某元素或元素集合(若在同一页面中指定id值，则一定是单个元素；若指定class的元素，则可以是单个元素，也可以是元素集合)	单个元素或元素集合	$("h2.title ")选取所有class为title的h2元素
全局选择器	*	匹配所有元素	集合元素	$(" *")选取所有元素

2．层次选择器

若要通过DOM元素之间的层次关系来获取元素，如后代元素、子元素、相邻元素和同辈元素，则使用Zepto的层次选择器是最佳选择。Zepto中的层次选择器与CSS中的层次选择器相同，都是根据元素与其父元素、子元素、兄弟元素间的关系构成的选择器。关于层次选择器的详细说明如表6-4所示。

表6-4　层次选择器

名　称	语法构成	描　述	返回值	示　例
后代选择器	ancestor descendant	选取ancestor元素里的所有descendant（后代）元素	元素集合	$("#menu span")选取#menu下所有的<span>元素
子选择器	parent>child	选取parent元素下的child（子）元素	元素集合	$(" #menu>span")选取#menu下的子元素<span>
相邻元素选择器	prev+next	选取紧邻prev元素之后的next元素	元素集合	$(" h2+dl ")选取紧邻<h2>元素之后的同辈元素<dl>
同辈元素选择器	prev~siblings	选取prev元素之后的所有siblings（同辈）元素	元素集合	$(" h2~dl ")选取<h2>元素之后的所有同辈元素<dl>

3．属性选择器

属性选择器就是通过HTML元素的属性选择元素的选择器，与CSS中的属性选择器语法构成完全一致，如<p>元素中的title属性、<a>元素中的target属性、<img>元素中的

alt 属性等。属性选择器是 Zepto 中非常有用的选择器，从语法构成来看，它遵循 CSS 选择器语法；从类型来看，它属于 Zepto 中按条件过滤获取元素的选择器之一。关于属性选择器的详细说明如表 6-5 所示。

表 6-5　属性选择器

名　称	语　法	描　述	返回值	示　例
属性选择器	[attribute]	选取包含给定属性的元素	元素集合	$(" [href]")选取含有 href 属性的元素
	[attribute=value]	选取给定属性等于某个特定值的元素	元素集合	$(" [href ='#']")选取 href 属性值等于“#”的元素
	[attribute !=value]	选取给定属性不等于某个特定值的元素	元素集合	$(" [href !='#']")选取 href 属性值不等于“#”的元素
	[attribute^=value]	选取给定属性是以某些特定值开始的元素	元素集合	$(" [href^='en']")选取 href 属性值以 en 开头的元素
	[attribute$=value]	选取给定属性是以某些特定值结尾的元素	元素集合	$(" [href$='.jpg']")选取 href 属性值以.jpg 结尾的元素
	[attribute*=value]	选取给定属性包含某些值的元素	元素集合	$(" [href* ='txt']")选取 href 属性值中含有 txt 的元素
	[selector] [selector2] [selectorN]	选取满足多个复合属性条件的元素	元素集合	$("li[id][title=新闻要点]")选取含有 id 属性和 title 属性为“新闻要点”的<li>元素

4. 基本过滤选择器

过滤选择器通过特定的过滤规则筛选所需的 DOM 元素，过滤规则与 CSS 中的伪类语法相同，即选择器都以一个冒号（:）开头，冒号前是过滤的元素。例如，a:hover 表示鼠标指针移过<a>元素时，a:visited 表示鼠标指针访问过<a>元素之后。

按照不同的过滤条件，过滤选择器可以分为基本过滤选择器、内容过滤选择器、可见性过滤选择器、属性过滤选择器、子元素过滤选择器和表单对象属性过滤选择器。其中，最常用的是基本过滤选择器、可见性过滤选择器、属性过滤选择器和表单对象属性过滤选择器。

关于基本过滤选择器的详细说明如表 6-6 所示。

表 6-6　基本过滤选择器

名　称	语　法	描　述	返回值	示　例
基本过滤选择器	:first	选取第一个元素	单个元素	$(" li:first")选取所有<li>元素中的第一个<li>元素
	:last	选取最后一个元素	单个元素	$(" li:last")选取所有<li>元素中的最后一个<li>元素
	:not(selector)	选取去除所有与给定选择器匹配的元素	集合元素	$(" li:not(.three)")选取 class 不是 three 的元素
	:even	选取索引是偶数的所有元素（index 从 0 开始）	集合元素	$(" li:even")选取索引是偶数的所有<li>元素
	:odd	选取索引是奇数的所有元素（index 从 0 开始）	单个元素	$(" li:odd")选取索引是奇数的所有<li>元素

续表

名　称	语　法	描　述	返　回　值	示　例
基本过滤选择器	:eq(index)	选取索引等于 index 的元素（index 从 0 开始）	集合元素	$("li:eq(1)")选取索引等于 1 的<li>元素
	:gt(index)	选取索引大于 index 的元素（index 从 0 开始）	集合元素	$(" li:gt(1)")选取索引大于 1 的<li>元素（注意：大于 1，但不包括 1）
	:lt(index)	选取索引小于 index 的元素（index 从 0 开始）	集合元素	$("li:lt(1)")选取索引小于 1 的<li>元素（注意：小于 1，但不包括 1）
	:header	选取所有标题元素，如 h1~h6	集合元素	$(":header")选取网页中的所有标题元素
	:focus	选取当前获得焦点的元素	集合元素	$(":focus")选取当前获得焦点的元素

6.2.4 Zepto 框架常用方法和属性

1.和 jQuery 相同的方法

（1）addClass

语法

addClass(name)

为每个匹配的元素添加指定的 class 类名，多个 class 类名用空格分隔。

（2）attr

语法

```
attr(name)
attr(name, value)
attr(name, function(index, oldValue){ ... })
attr({ name: value, name2: value2, ... })
```

读取或设置 DOM 的属性。如果没有给定 value 参数，则读取 Zepto 对象集合第一个元素的属性值。若给定了 value 参数，则设置 Zepto 对象集合中所有元素的属性值。若 value 参数为 null，这个属性将被移除（类似 removeAttr）。多个属性可以通过对象值对的方式进行设置。

（3）has

语法

```
has(selector)
has(node)
```

判断当前 Zepto 对象集合的子元素中是否有符合选择器的元素或者包含指定 DOM 节点的元素，如果有，则返回过滤掉不含有选择器匹配元素或者不含有指定 DOM 节点的新的 Zepto 集合对象。

```
$('ol > li').has('a[href]')
```

（4）hasClass

语法

hasClass(name)

检查 Zepto 对象集合中是否有元素含有指定的 class，代码如下所示。

```
<ul>
    <li>list item 1</li>
    <li class="liTwo">list item 2</li>
    <li>list item 3</li>
</ul>
<p>a paragraph</p>
<script>
    $("li").hasClass("liTwo ");          //=> true
</script>
```

（5）Toggle

语法

```
toggle([setting])
```

显示或隐藏匹配元素。如果 setting 的值为 true，相当于 show 方法；如果 setting 的值为 false，相当于 hide 方法。

```
var input =$('input[type=text]')
$('#too_long').toggle(input.val().length> 140)
```

（6）toggleClass

语法

```
toggleClass(names, [setting])
```

在匹配的元素集合的每个元素上添加或删除一个或多个样式类。如果 class 的名称存在，则删除它；如果不存在，就添加它。如果 setting 的值为真，这个功能类似于 addClass；如果 setting 的值为假，这个功能类似于 removeClass。

（7）. closest

语法

```
closest(selector, [context])
closest(collection)
closest(element)
```

从元素本身开始，逐级向上级元素匹配，并返回最先匹配 selector 的祖先元素。如果 context 节点参数存在，那么只考虑该节点的后代。这个方法与 parents(selector)有点类似，但它只返回最先匹配的祖先元素。

2. Zepto 独有属性

Zepto 是针对移动端的一个框架，提供了触摸事件，也支持 CSS3 的一些变形、过渡、动画等属性，这些都是 jQuery 所不具备的。接下来就详细讲解这些属性。

（1）CSS transform

```
translate(X|Y|Z|3d)
rotate(X|Y|Z|3d)
scale(X|Y|Z)
skew(X|Y)
```

上述 CSS3 的变形属性，在 Zepto 框架里同样支持。下面通过示例 2 来认识一下这些属性在 Zepto 中的使用。

示例 2

```
<!DOCTYPE html>
<html lang="en">
<head>
    <meta charset="UTF-8">
    <meta name="viewport"content="width=device-width, user-scalable=no, initial-scale=1.0,
                maximum-scale=1.0,minimum-scale=1.0"/>
<style>
    #some_element{
        width: 100px;
        height: 100px;
        background: red;
        position: absolute;
    }
</style>
</head>
<body>
<div id="some_element"></div>
<script src="js/zepto.js"></script>
<script>
    $('#some_element').tap(function(){
        $("#some_element").animate({
            opacity: 0.25,
            left: '50px',
            rotateZ: '45deg',
            translate3d: '0,20px,0'
        }, 500, 'ease-out');
    })
</script>
```

在浏览器中的显示效果如图 6.7 和图 6.8 所示。手指触摸 div 元素，div 元素透明度变为 0.25，向右移动 50px，沿 *z* 轴旋转 45°，沿 *y* 轴向下移动 20px。完成这个动画用时 500 毫秒，使用了 ease-out 的动画方式。

在这个案例中，不但使用了 transform 属性，还使用了 Zepto 的 Effects 模块中的 animate 动画，animate 动画的使用方法和 jQuery 中的使用方法一样。

提示

tap 事件类似于 PC 端的 click 事件，表示手指触摸某个元素事件会被触发，后面还会讲解和使用。

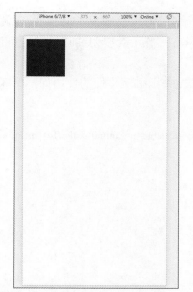

图6.7　Zepto中transform的使用（1）

图6.8　Zepto中transform的使用（2）

注意

如果使用的 Zepto 文件是通过官网下载的默认核心文件，在这里就不能使用动画和 tap 事件。原因就是默认的 Zepto 文件不包括 Effects 和 Touch 模块。那么现在怎样做才能去使用 Zepto 的这个功能呢？

可以通过访问 https://github.com/madrobby/zepto 下载到完整的 Zepto 文件，具体如图 6.9 所示。单击 Clone or download 按钮下载，在目录 src 中寻找需要的插件，引入页面即可。

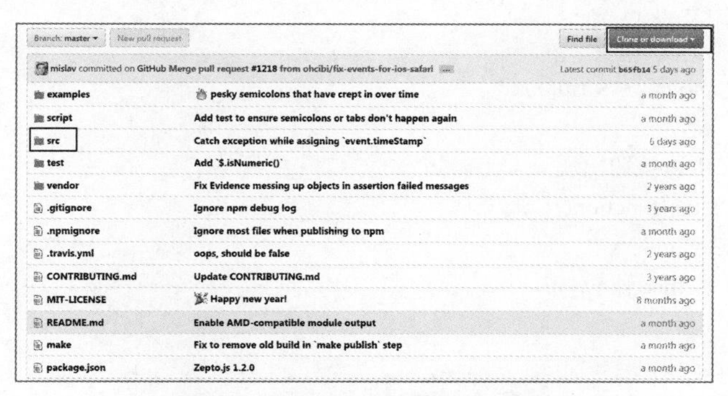

图6.9　通过github下载Zepto文件

（2）touch

在移动端，触摸事件的使用肯定是必不可少的，为此 Zepto 专门提供了几个触摸事件，具体如下所示。

Zepto动画方法

➢ tap：元素被触摸的时候触发。
➢ singleTap 和 doubleTap：这两个事件用来检测元素上的单击和双击（如果不需要检测单击、双击，可以使用 tap 代替）。

- longTap：一个元素被按住超过 750ms 触发。
- swipe,swipeLeft,swipeRight,swipeUp,swipeDown：当元素被划过时触发（可选择给定的方向）。

这些事件也是所有 Zepto 对象集合上的快捷方法。关于触摸事件的使用如示例 3 所示。

示例 3

```
<meta name="viewport" content="width=device-width, user-scalable=no, initial-scale=1.0, maximum-scale
=1.0, minimum-scale=1.0"/>
<style>
    .delete {
        display: none;
        border: 1px solid #a1a5a6;
        padding: 4px 8px;
        background:#d5dbd6;
        font-size: 14px;
        border-radius: 4px;
    }
</style>
</head>
<body>
<ul id=items>
    <li>新闻全文
        <span class=delete>DELETE</span>
    </li>
    <li>奥运会
        <span class=delete>DELETE</span>
    </li>
</ul>
<script src="js/zepto.js"></script>
<script>
    //触摸 li，delete 按钮出现
    $('#items li'). tap(function(){
        $('.delete').hide();
        $('.delete',this).show();
    });
    // 触摸 delete 按钮，li 消失
    $('.delete').tap(function(){
        $(this).parent('li').remove();
    })
</script>
```

在浏览器中的显示效果如图 6.10 和图 6.11 所示。

触摸列表项触发 tag 事件，DELETE 按钮出现，如图 6.11 所示。触摸 DELETE 按钮，列表项消失。

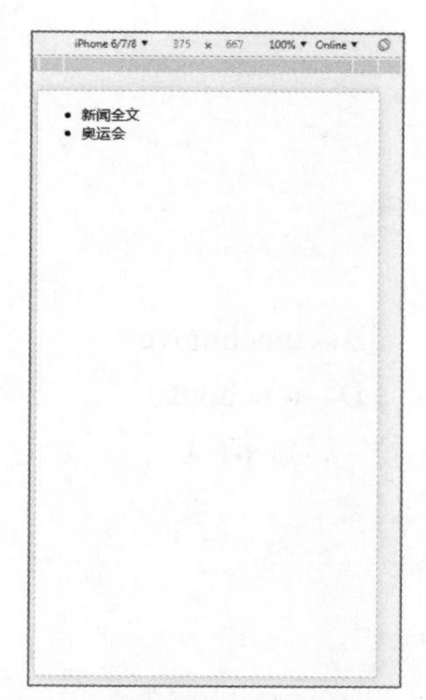

图6.10　触摸事件的使用（1）

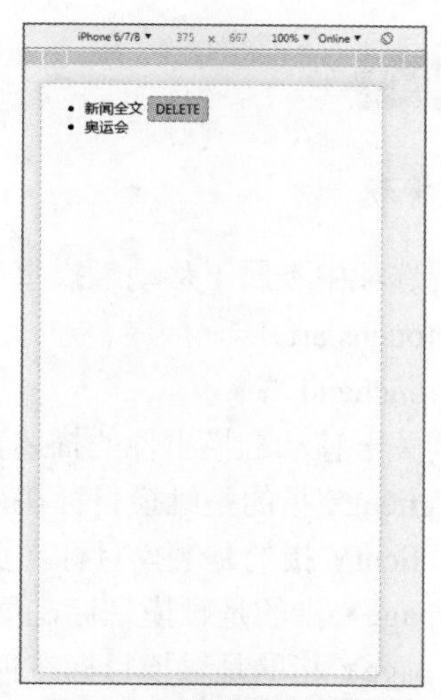

图6.11　触摸事件的使用（2）

6.2.5　上机训练

上机练习 2——制作开启宝箱

制作如图 6.12 和图 6.13 所示的开启宝箱页面，要求如下。

（1）单击宝箱的时候，宝箱摇晃，如图 6.12 所示。

（2）摇晃动画结束后，宝箱打开，出现获得的奖励，如图 6.13 所示。

提示

使用 addClass 方法给宝箱添加相应的摇晃类；使用 setTimeout、removeClass、closest、find、addClass 等方法让原来的宝箱变为打开状态，并显示奖励模块，宝箱下面的文字在宝箱打开后消失。

图6.12　开启宝箱（1）

图6.13　开启宝箱（2）

本章作业

一、选择题

1．下列选项中不属于移动触摸事件的是（　　）。

A．touchstart　　B．touchmove

C．touchend　　D．touchout

2．下列关于移动触摸事件的描述正确的是（　　）。（选两项）

A．clientX 指的是触摸目标在视口中的 x 坐标

B．clientY 指的是触摸目标在页面中的 y 坐标

C．pageX 指的是触摸目标在页面中的 x 坐标

D．pageY 指的是触摸目标在视口中的 y 坐标

3．下列选项中对 Zepto 框架描述不正确的是（　　）。

A．Zepto 是一个轻量级的针对现代浏览器的 JavaScript 库

B．Zepto 与 jQuery 的文件大小一样

C．Zepto 与 jQuery 有着类似的 API

D．Zepto 的一些可选功能是专门针对移动端浏览器设计的

4．var $insert2 = $("<p />",{text: "Hello",id: "greeting",css: {color: 'darkblue'}}); $insert2.appendTo($('body'));对上面这段代码的含义描述正确的（　　）。（选两项）

A．上述代码在 jQuery 中执行，得到的结果是：

<p id=greeting style="color:darkblue">Hello</p>

B．上述代码在 Zepto 中执行，得到的结果是：

<p id=greeting style="color:darkblue">Hello</p>

C．上述代码在 jQuery 中执行，得到的结果是：<p>Hello</p>

D．上述代码在 Zepto 中执行，得到的结果是：<p>Hello</p>

5．下列关于触摸事件描述不正确的是（　　）。

A．tap 在元素被触摸的时候触发

B．doubleTap 事件用来检测元素上的双击

C．longTap 事件当一个元素被按住超过 850ms 触发

D．swipeLeft 事件当元素向左划过时触发

二、简答题

1．简述 jQuery 和 Zepto 的区别。

2．Zepto 有哪些独有的针对移动端的事件。

3．制作扇形菜单，页面显示效果如图 6.14 所示。要求如下。

（1）使用带有 touch 功能的 Zepto 文件实现。

（2）使用类选择器、find()筛选需要的元素。

（3）使用 hasClass、removeClass、addClass 等方法来判断该扇形菜单是否处于打开状态，如果是打开状态，如图 6.14 所示，则关闭扇形菜单；如果是关闭状态，就打开它。

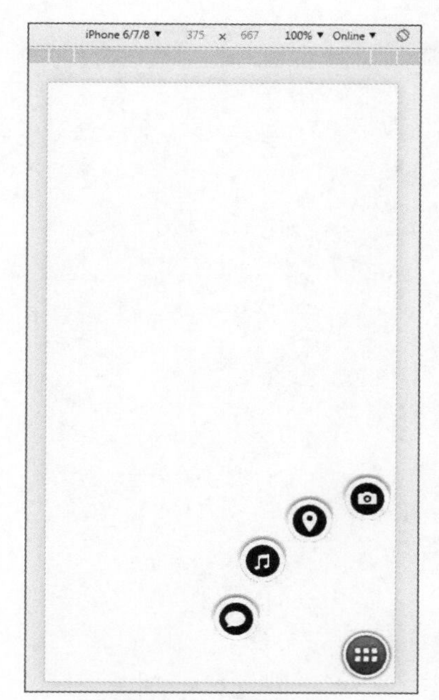

图6.14　扇形菜单

第 7 章

移动端开发技巧

本章任务

任务 1：开发技巧

任务 2：常见问题

任务 3：移动端优化

技能目标

- ❖ 掌握移动端的开发技巧
- ❖ 掌握移动端常见问题及解决方案
- ❖ 掌握移动端优化

本章知识梳理

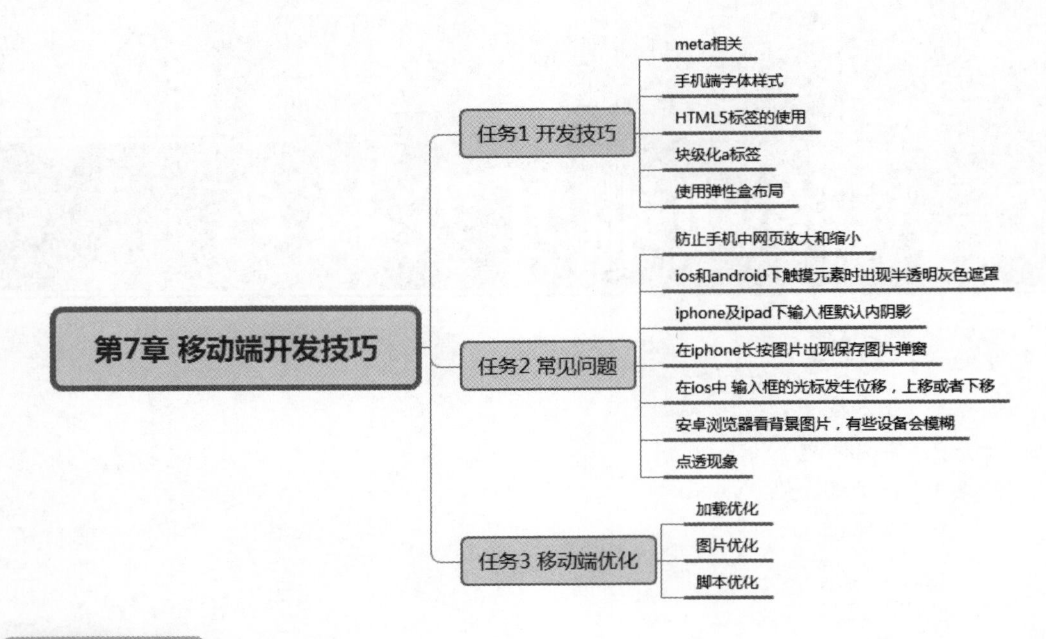

本章简介

在开发过程中，除了需要考虑移动端的布局及特效开发，还需要考虑移动端特有的一些常见问题及开发技巧。除了制作出移动端网页，还需要考虑制作出的网页性能。尤其是在手机上，加载一张图片或者一个文件所消耗的时间都有着严格的限制，往往用户都是在等待网页加载的过程中流失的。

预习作业

简答题

（1）在日常开发中使用过哪些优化方法？

（2）在移动端开发中如何防止用户对网页进行放大或缩小？

任务 1 开发技巧

在移动端网页开发的过程中，先了解一下前人总结下来的经验技巧，会更大程度地提高开发效率和开发质量。下面就来看下总结的经验技巧。

1. meta 相关

webkit 内核中有一些私有的 meta 标签，这些 meta 标签在开发 Web 应用时起到非常重

要的作用，下面来看一下常用的属性设置。

```
<!-- 是否启动 webapp 功能，会删除默认的苹果工具栏和菜单栏 -->
<meta name="apple-mobile-web-app-capable" content="yes" />
<!-- 这个主要是根据实际的页面设计的主体色来搭配进行设置 -->
<meta name="apple-mobile-web-app-status-bar-style" content="black" />
<!-- 忽略页面中的数字识别为电话号码、email 识别 -->
<meta name="format-detection" content="telephone=no, email=no" />
<!--优先使用最新版本 IE 和 Chrome -->
<meta http-equiv="X-UA-Compatible" content="IE=edge,chrome=1" />
```

2. 手机端字体样式

手机端不支持微软雅黑字体，中文字体一般不设置，使用系统默认即可，英文字体一般设置为 font-family: helvetica。

3. HTML5 标签的使用

在编写移动端页面时，建议前端工程师使用 HTML5，放弃 HTML4，因为 HTML5 可以实现一些 HTML4 中无法实现的丰富的 Web 应用程序的体验，并减少开发者很多的工作量。

在使用 HTML5 之前，一定要知道 HTML5 的新标签的作用。比如定义一块内容或文章区域可以使用 section 标签，定义导航条或选项卡可以使用 nav 标签等。

4. 块级化 a 标签

在台式机上使用块级化的 a 标签是不符合规范的，但是在移动端设备上却要保证将每条数据都放在一个 a 标签中，这是由产品意识形态决定的。在触控手机上，为提升用户体验，应尽可能地保证用户的可单击区域较大。

5. 使用弹性盒布局

随着响应式用户界面的流行，开发出来的网页要适配不同的设备尺寸，以达到最优的显示效果，而弹性盒布局模型正是用于对一个容器中的条目进行排列、对齐和分配空间。即使容器中的条目尺寸未知或是动态变化，弹性盒布局模型也能正常工作。尤其是在进行移动端开发的时候，更能凸显弹性盒布局的优点。

任务 2　常见问题

众所周知，在互联网行业里，移动端占有的比例越来越高，尤其是在电商领域，用户购物大部分集中在移动端。比如淘宝双 11 期间，移动端支付接近七成。随着移动端设备占比的提高，在移动端开发过程中，大部分问题都是由于设备的不统一或某个服务厂商特有的设置造成的。下面来看一些在实际开发中遇到的常见问题。

1. 防止手机中网页放大和缩小

对于移动端开发者来说，当不希望手机用户对网页进行放大和缩小时可以使用 viewport 使页面禁止缩放，通常把 user-scalable 设置为 0 来关闭用户缩放页面视图的行为。

```
<meta name="viewport" content="user-scalable=0" />
```

但是为了更好地兼容，通常会使用完整的 viewport 设置。

```
<meta name="viewport"content="width=device-width,initial-scale=1.0,maximum-scale=1.0,user-scalable=0" />
```

2. 在 iOS 和 Android 下触摸元素时出现半透明灰色遮罩

可以在样式中进行设置：-webkit-tap-highlight-color:rgba(255,255,255,0);

3. 在 iPhone 及 iPad 下输入框默认显示内阴影

可以在样式中进行设置：-webkit-appearance: none。

4. 在 iPhone 上长按图片出现保存图片弹窗

可以在样式中进行设置：-webkit-touch-callout: none。

5. 在 iOS 中输入框的光标发生位移（上移或者下移）

不要设置 line-height 属性。

6. Android 设备下看背景图片会模糊

同等比例的图片在 PC 上很清楚，但是在手机上却很模糊，原因是什么呢？是 devicePixelRatio 引起的。因为手机分辨率太小，如果按照这个分辨率来显示网页，字会非常小，所以苹果当初就把 iPhone 4 的 960×640 分辨率在网页里只显示 480×320，即 devicePixelRatio＝2。

而 Android 比较乱，有 1.5 的，有 2 的，也有 3 的。想让图片在手机里显示更为清晰，必须使用 2×的背景图来代替 img 标签（一般情况都是用 2 倍）。例如一个 div 的宽高是 100×100，背景图必须是 200×200，然后设置 background-size:contain;，或者指定 background-size:contain;，这样显示出来的图片就比较清晰了。

7. 点透现象

为什么会出现点透？因为在移动端使用 click 有明显的延迟。也就是说，事件的触发时间按由早到晚依次为：touchstart>touchend>click。即 click 的触发是有延迟的，这个时间大概在 300ms。可以通过将 click 换成移动端事件或者使用 zepto、fastclick 库来解决。

任务 3 移动端优化

相对于桌面浏览器，移动端浏览器有一些较为明显的特点：设备屏幕较小、兼容性较好、支持一些较新的 HTML5 和 CSS3 特性、需要与 Native 应用交互等。但移动端浏览器可用的 CPU 计算资源和网络资源极为有限，因此要做好移动端 Web 上的优化。在移动端 Web 的前端页面渲染中，桌面浏览器端的优化规则同样适用，此外针对移动端还要做一些其他的优化来达到更好的效果。

需要注意的是，并不是移动端的优化原则在桌面浏览器端就不适用，而是由于兼容性和差异性的原因，一些优化原则在移动端更具代表性。

7.3.1　加载优化

对于移动端的网页来说，加载过程是最为耗时的，可能会占到总耗时的 80%，因此是优化的重点。加快网页加载的时间是所有网页设计人员的共同目标，也是留住用户非常重要的一点。在许多情况下，移动端用户打开网页的速度较慢，甚至没办法找出需要的内容。此时就需要优化图片、缩减代码、清除缓存、减少重定向等，让用户可以在几秒钟内快速浏览网站。

1. 减少 HTTP 请求

首先要认识页面中各个文件的 http 请求耗时情况，这样才能知道整个响应过程中的网络请求耗时情况、各个文件请求加载耗时情况对比和顺序、哪些请求可以优先加载、哪些请求可以合并加载等，可以通过 Chrome 开发人员工具（按 F12 键调出）在 Network 下查看，如图 7.1 所示。

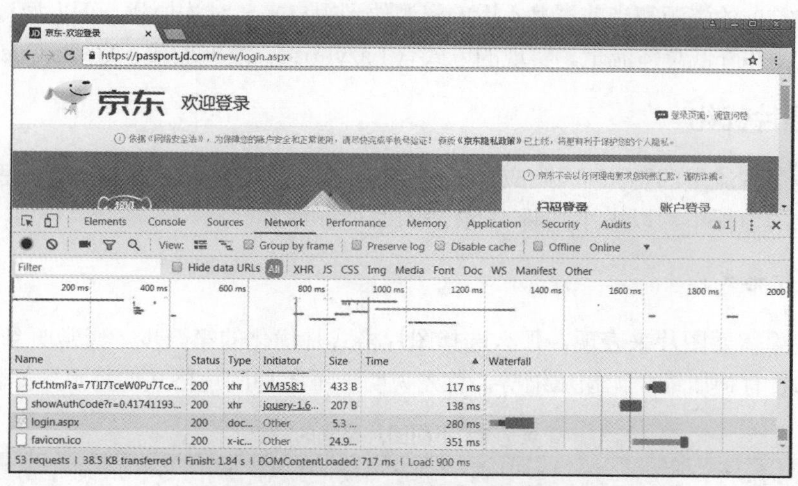

图7.1　Chrome Network查看网络请求

通过图 7.1 可以发现，页面中加载的 js、图片文件等都会产生 http 请求，并且在 Time 栏中可以监测到加载的时间。接下来一起看下减少 http 请求的具体实现方式。

（1）合并 CSS/JavaScript

在 Web 开发过程中，会产生很多的 js/css 文件，传统的引用外部文件的方式会产生多次 http 请求，从而加重服务器负担且导致网页加载缓慢。如何在一次请求中将多个文件一次加载出来？可以通过 Grunt 工具将多个文件进行合并，或者选择在线的平台进行合并。

（2）合并小图片，使用雪碧图

雪碧图是将多个图片集成在一个图片中的图，使用雪碧图可以减少网络请求的次数，加快网站运行的速度。如果网站中有大量的小图片、图标，就可以选择雪碧图的方式进行解决。

2. 使用本地缓存

在雅虎前端优化的 14 条原则中，其中一条就是尽量消灭请求，以达到降低服务器压力和提升用户体验的效果。对一个网站而言，CSS、JavaScript、Logo、图标这些静态资源文件更新的频率都比较低，又几乎是每次 HTTP 请求都需要的，如果将这些文件缓存在浏览器中，可以极好地改善性能。通过设置 HTTP 头中的 Cache-Control 和 Expires 属性，可以设定浏览器缓存，缓存时间可以是数天甚至是数月。

3. 服务端器启用压缩

在服务器端对文件进行压缩，在浏览器对文件进行解压缩，可有效减少通信传输的数据量。文本文件的压缩率通常可达 80%以上，因此 HTML、CSS、JavaScript 文件启用 GZip 压缩可达到较好的效果。但是压缩对服务器和浏览器将产生一定的压力，因此在通信带宽良好，而服务器资源不足的情况下要权衡考虑。

4. 使用按需加载

按需加载是当用户触发了动作时才加载对应的功能。如按需加载 CSS、JavaScript 等，或将不影响首屏的资源和当前屏幕不用的资源放到用户需要时才加载，可以大大提升重要资源的显示速度和降低总体流量。实现的方式有 LazyLoad、滚屏加载、Media Query 加载等。

7.3.2 图片优化

图片是最占流量的资源，因此应尽量避免使用它，必须使用时应选择最合适的格式（可以实现需求的前提下，以大小判断）、合适的大小进行显示。

1. 图片格式

如果效果需要图片来表现，那么选择图片格式是优化的第一步。经常听到矢量图、标量图、SVG、有损压缩、无损压缩等，首先说明一下各种图片格式的特点，如表 7-1 所示。

表 7-1 不同图片格式的特点

图片格式	压缩方式	透明度	动画	浏览器兼容	适应场景
JPEG	有损压缩	不支持	不支持	所有	复杂颜色及形状，尤其是照片
GIF	无损压缩	支持	支持	所有	简单颜色，动画
PNG	无损压缩	支持	不支持	所有	需要透明效果时
APNG	无损压缩	支持	支持	Firefox Safari	需要半透明效果的动画时
WebP	有损压缩	支持	支持	Chrome Opera	复杂颜色及形状且浏览器平台可预知
SVG	无损压缩	支持	支持	所有（IE8 以上）	简单图形，需要良好的缩放体验

通过表 7-1 可以总结出以下几点。

- 颜色丰富的照片，JPG 格式是通用的选择。
- 如果需要较通用的动画，GIF 格式是唯一可用的选择。
- 如果图片由标准的几何图形组成或需要使用程序动态控制其显示特效，可以考虑 SVG 格式。
- 如果需要清晰地显示颜色丰富的图片，PNG 格式比较好。

2. 使用较小的图片，合理使用 base64 内嵌图片

在页面使用的背景图片不多且较小的情况下，可以将图片转化成 base64 编码嵌入到 HTML 页面或 CSS 文件中，这样可以减少页面的 HTTP 请求数。需要注意的是，因为要保证图片较小，因此图片大小超过 2KB 就不推荐使用 base64 嵌入显示了。

3. 图片懒加载

有的页面会包含很多很大的图片素材，这样全部加载就会变得很慢，因此需要修改一下加载方案，只加载窗口内的图片。在浏览网站的时候经常会看到默认图，正式图片加载成功之后会替换掉默认图。比如常用的 lazyload.js 就用于图片的延迟加载，视口外的图片在窗口滚动到它的位置时才进行加载。

4. 字体图标

用过 Bootstrap 的读者肯定对方便的 fontawesome 图标字体印象深刻，它可以无损放大缩小，可以修改颜色，只要加个类名就可以使用。在页面中应尽可能使用 iconfont 来代替图片图标，这样做的好处有以下两点：

- iconfont 体积较小，而且是矢量图，因此缩放时不会失真。
- 可以方便地修改图片大小尺寸和呈现的颜色。

5. 定义图片大小限制

加载的单张图片一般建议不超过 30KB，以避免大图片加载时间长而阻塞页面其他资源的呈现，推荐在 10KB 以内。如果用户上传的图片过大，建议设置告警系统，以更好地观察了解整个网站的图片流量情况，做出进一步的改善。

7.3.3 脚本优化

1. 尽量使用 ID 选择器

在页面布局中，给元素设置 ID 往往是保证元素唯一的最好方式，这样通过脚本查找元素时有利于代码的快速运行而不用去进行数组运算。但是不要在 ID 选择器使用的同时再使用标签选择器或类选择器，这点同 jQuery 是一样的。

不要出现这样的写法："div#content" 或者 "#content.text"。因为浏览器通过 ID 定位到了具体的元素，但是发现左侧还是标签选择器，那么就会继续匹配，继续查找元素，这样无疑损耗了浏览器的性能，影响了渲染时间。

2．合理缓存 DOM 对象

对于需要重复使用的 DOM 对象，要优先设置缓存变量，避免每次使用都从整个 DOM 树中重新查找。如：

```
//不推荐
$('#mod.active').remove('active');
$('#mod.not-active').addClass('active');

 //推荐
let $mod=$('#mod');
$mod.find('.active').remove('active');
$mod.find('.not-active').addClass('active');
```

通过上述代码不难发现，在第一段代码中，想要调用 remove 或者 addclass 方法前都要先通过选择器查找元素，无疑是一种更为耗时的方式；而第二段代码中，将元素值赋给变量保存，后续不用再次查找元素。

3．页面元素尽量使用事件代理，避免直接绑定事件

事件就是 onclick、onmouseover、onmouseout 等，事件代理在 JavaScript 中也叫事件委托，即利用事件冒泡的原理，把事件加到父级元素上，触发执行效果，从而提高执行的效率，就算新添加了元素还是会有新的代理事件。

4．尽量使用 ECMAScript 6+的特性来编程

ES6（ECMAScript2015）的出现，无疑给前端开发人员带来了新的惊喜，ECMAScript6+在一定程度上更加安全高效，部分特性执行速度更快，也更符合未来规范化的需要，所以推荐使用 ECMAScript6+的新特性来完成页面的开发。

本章作业

作业答案

简答题

1．如何解决单击穿透问题？

2．在开发过程中需要显示多张大图时，如何进行优化处理？

第 8 章

项目实战——制作“爱旅行”网站

本章任务

任务 1：开发流程制订及角色分工
任务 2：项目分析
任务 3：项目实现

技能目标

❖ 掌握 Flex 布局的应用
❖ 掌握使用 Zepto 进行移动端操作
❖ 掌握使用 rem 进行网页布局

本章知识梳理

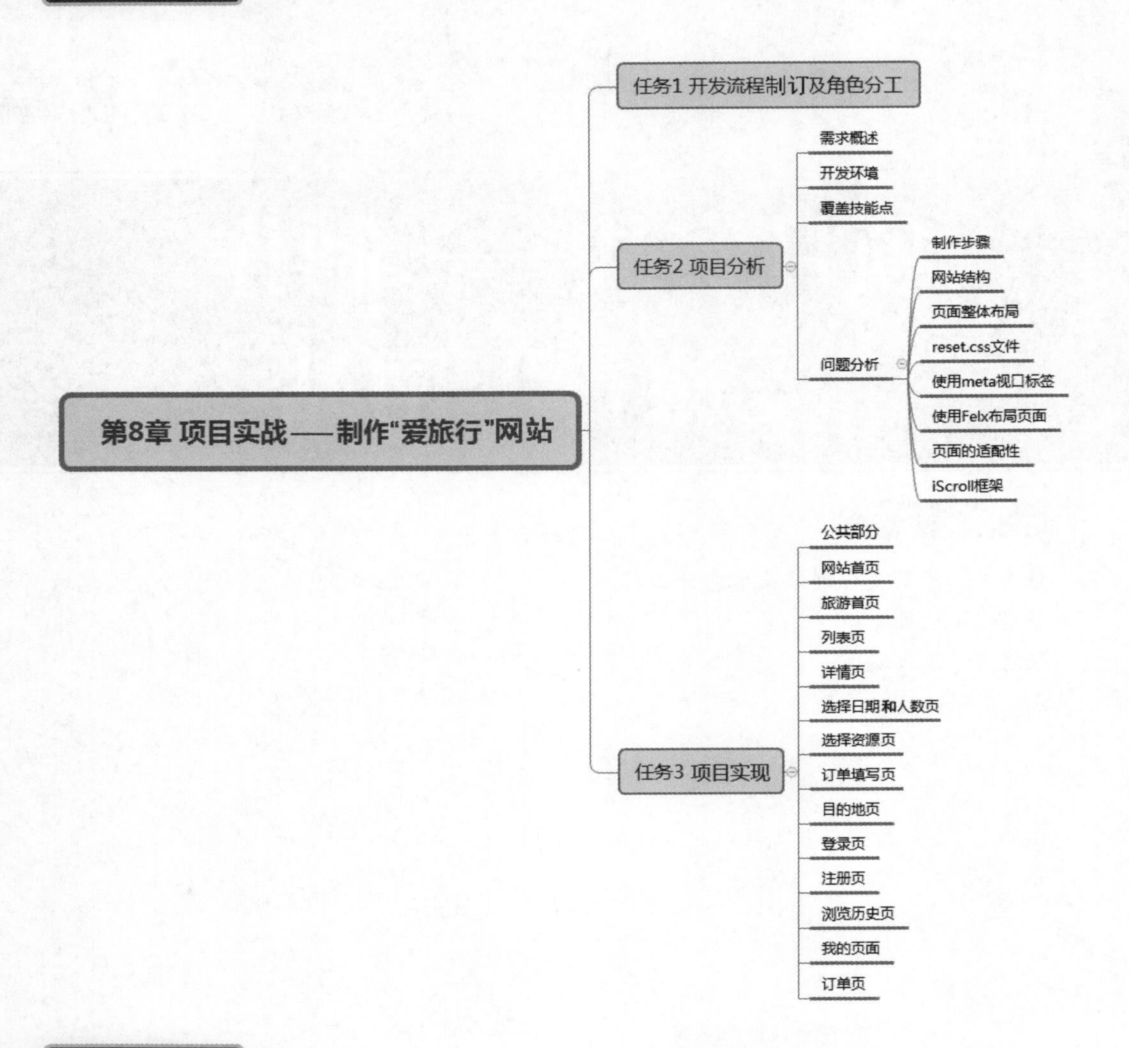

本章简介

通过前面章节的学习和上机训练，我们已经掌握了移动网页开发的知识。为了能够更好地使用 Flex 布局、理想视口、rem 等知识来快速制作移动网页，本项目通过制作“爱旅行”网站，综合运用学习过的知识，巩固使用 HTML 编辑网页，使用 CSS 布局并美化网页，牢固掌握学习过的知识点和技能点。

预习作业

简答题

（1）简述开发一个项目需要哪些过程。

（2）对于公共代码如何处理？

任务 1　开发流程制订及角色分工

对于用户而言，互联网产品就是在设备上安装一个软件或者为设备定制一个页面，看起来比较简单，但是任何一个功能丰富的互联网产品，背后都是由一个分工细致又密切合作的团队共同完成的。所以首先就需要了解整个产品的开发流程，以及和其他角色之间的协作。本任务会介绍一些常见的互联网产品开发流程，以及各个角色的分工协作。

首先了解一下互联网产品开发的主要角色，具体如图 8.1 所示。

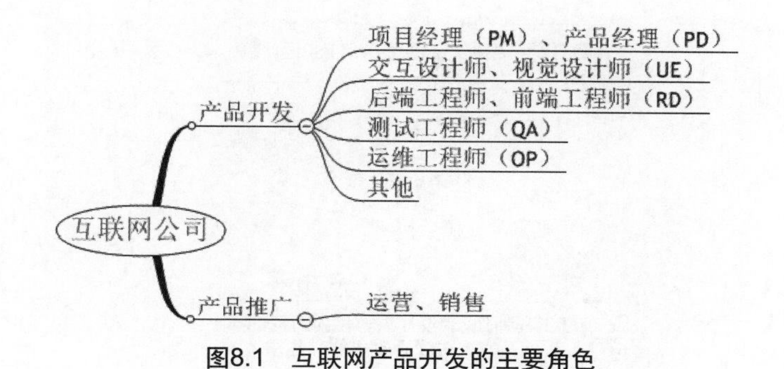

图8.1　互联网产品开发的主要角色

在互联网产品开发中，每个相关角色的分工如下。

产品经理：负责产品方向和具体需求的规划，需求文档和产品原型的编写，是待开发需求的提出方或者代理方（将来自业务部门等第三方的需求，转化成研发团队的需求）。通常对于较大规模的产品，产品经理是一个团队，每个人分工负责部分功能模块的需求细节。

项目经理：负责项目的立项和开发时间的安排，并跟进项目研发的进展、变更和风险，以及各种跨团队的协调工作。在一个大的项目中，通常也会有多位项目经理分工协作。

设计师（交互设计师或视觉设计师）：负责产品的交互设计、视觉设计等方面，主要的产出是产品的 PSD 设计稿。

开发人员（通常根据专业领域进一步划分为架构师、后台开发、Web 前端开发、Android 开发、iOS 开发等多个岗位）：负责产品的技术架构设计和代码编写，并开发出可运行的实际产品。

测试人员：负责产品的质量把关，包括功能、性能和稳定性等多方面的测试工作。测试人员又可进一步细分为业务功能测试、工具测试、专项技术测试等岗位。部分组织也将质量管理放在测试团队。

运维人员：负责产品的服务端运行环境的建设和维护，以及日常的配置管理、容量规划、网络和设备故障处理等工作，常常包含监控平台的建设和管理。根据研发组织是采用自建 IDC、租用 IDC 还是第三方云计算平台，运维团队的工作可能有所不同。

运营人员：负责业务和产品的推广和拓展。对于移动互联网产品来说，常见的工作范围包括 App 的推广，各类运营活动的规划和推动，同第三方一起开展的市场活动，以及运营平台的规划等方面。

知道了互联网产品开发主要的角色和相关的分工，下面通过图 8.2 来认识一下整个互联网产品开发的流程。

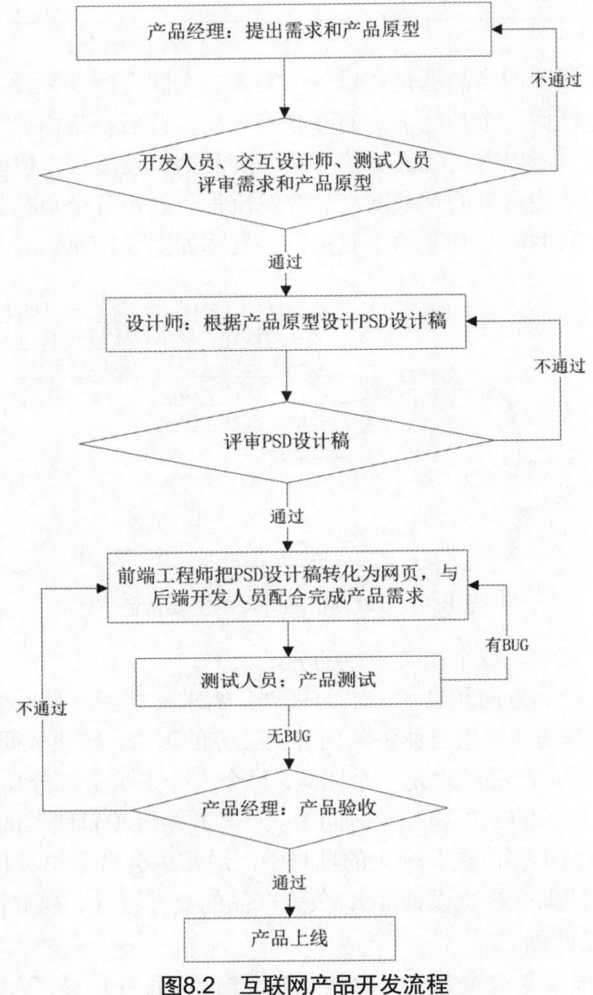

图8.2　互联网产品开发流程

图 8.2 将互联网产品开发的角色、分工、流程串了起来，便于读者清楚地知道自己在实际的开发工作中能做什么事情，对互联网开发有一个整体认识。

任务 2　项目分析

本任务主要是实现“前端工程师把 PSD 设计稿转化为网页”的工作，实现的产品就是一个移动网站——爱旅行。

“爱旅行”专注于旅游服务业，在不同种类的旅游产品中，通过产品组合与相互搭配的方式，提供性价比最高的旅游产品，主要的业务包括旅游服务、机票与酒店预订服务等。本任务在“爱旅行”网站的基础上，挑选出其中的旅游服务页面进行制作。

8.2.1　需求概述

1. 需求

在“爱旅行”网站中，除了与旅游服务相关的栏目外，还有一些服务性页面，如登录、注册、我的页面等。本节要制作的页面包括：网站首页、旅游首页、列表页、详情页、选择日期和人数页、选择资源页、订单填写页、选择目的地页、登录页、注册页、浏览历史页、我的页面、订单页等，实现的页面效果如图 8.3 至图 8.15 所示。

图8.3　网站首页

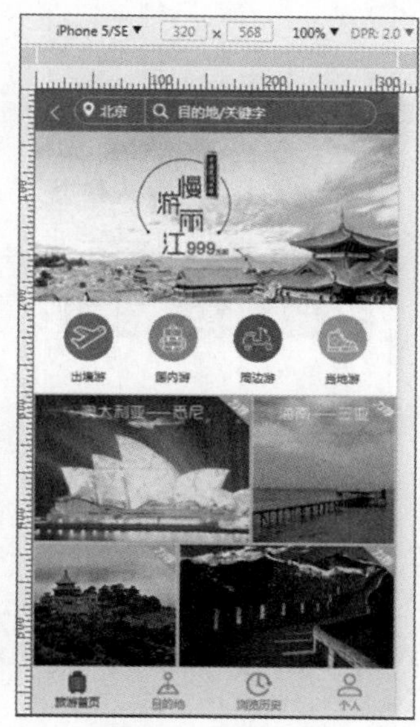

图8.4　旅游首页

图8.5　列表页

图8.6　详情页

图8.7　选择日期和人数页

图8.8　选择资源页

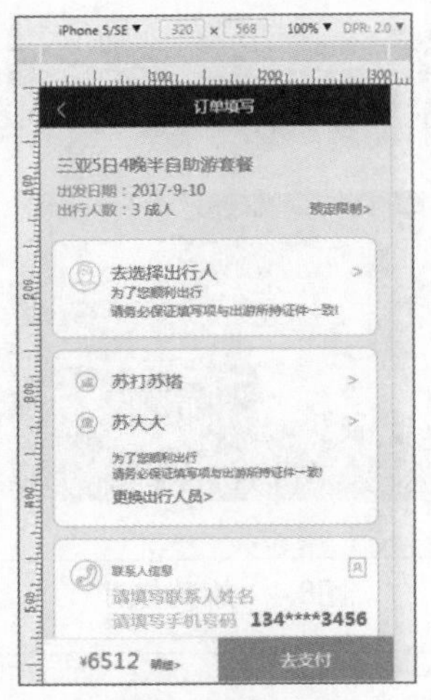

图8.9　订单填写页

图8.10　选择目的地页

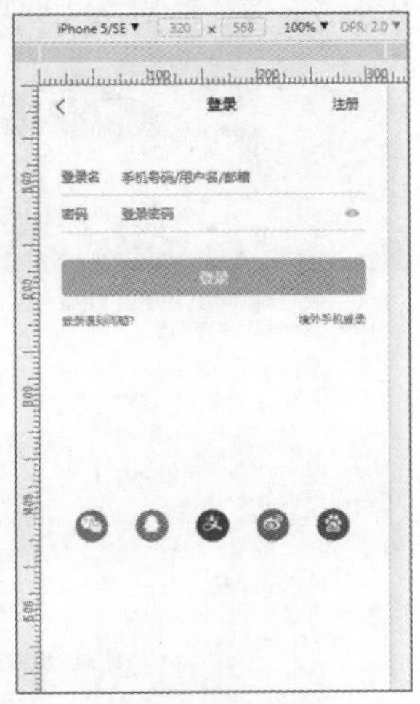

图8.11　登录页

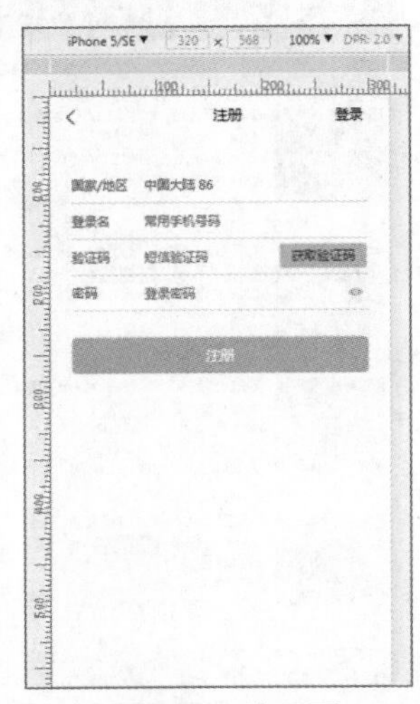

图8.12　注册页

图8.13　浏览历史页

图8.14　我的页面

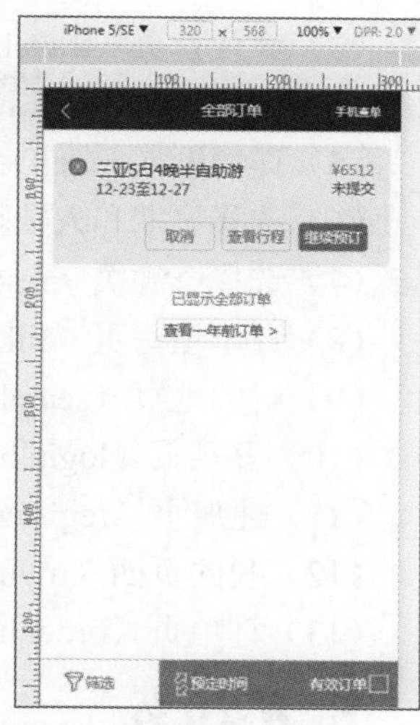

图8.15　订单页

2. **开发环境**

开发工具：Sublime Text、Chrome 浏览器。

3. **覆盖技能点**

➢ 能使用 HTML5+CSS3 布局网页
➢ 使用 meta 视口标签在理想视口下浏览网页
➢ 掌握 Flexible.js 插件的使用
➢ 掌握 Less 语法的使用
➢ 利用 Flex 属性布局弹性盒模型
➢ 利用 rem 相对单位布局网页
➢ 利用 Zepto 制作移动网页交互特效

8.2.2 问题分析

从图 8.3 至图 8.15 可以看到，“爱旅行”是一个提供旅游服务的网站。页面有一个共同点，就是网站的头部及置底导航大多是一样的。页面大体结构也是一样的，都可以看作上中下结构。也就是说，最上方都是网站头部，中间部分是网页主体显示内容，每个页面的主体内容都不一样，最下方是置底导航。因此，先制作网站的头部和置底导航部分，再制作其他页面。

1. **制作步骤**

在浏览某个网站时，首先进入首页，然后单击页面中的超链接可以查看其他页面。搜索列表页、详情页等页面，没有先后顺序之分，用户可以根据需要任意浏览某个页面。

爱旅行网站需要制作如下页面。

（1）网站公用部分（public.html）

（2）网站首页（index.html）

（3）旅行首页（travel.html）

（4）列表页（travelList.html）

（5）详情页（travelDetail.html）

（6）选择日期和人数页（date.html）

（7）选择资源页（resource.html）

（8）订单填写页（fill.html）

（9）目的地页（search.html）

（10）登录页（login.html）

（11）注册页（register.html）

（12）我的页面（myinfo.html）

（13）订单页（order.html）

2. 网站结构

开发一个网站，网站中的文件结构是否合理非常重要，因此在制作网页前首先需要设置网站的文件结构。例如，本网站起名 itrip-app，CSS 样式表文件通常放在 CSS 文件夹中，网页中用到的图片通常放在 image 或 images 文件夹中，js 文件通常放在 js 文件夹中等。具体如图 8.16 所示。

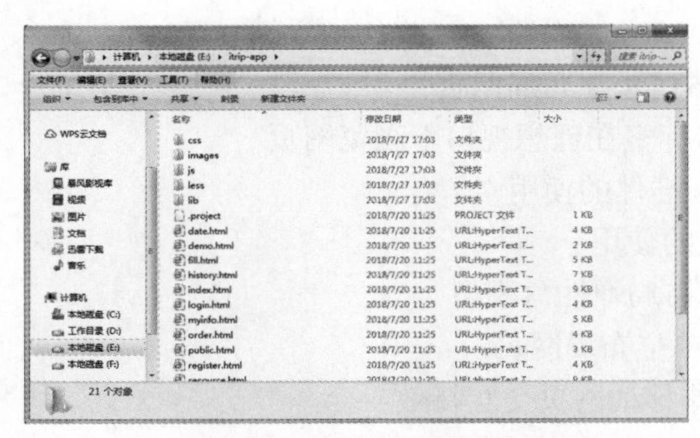

图8.16 网站文件结构

3. 页面整体布局

网站所有页面均为上中下结构，最上方是网站导航，最下方是置底的选项卡。因此使用 header、section、footer 等 HTML5 结构元素划分网页结构，整体布局网页时使用标准的文档流结构和 CSS。由于几个页面中有共用的部分，因此创建一个公用文件 public.html。

4. reset.css 文件

从图 8.16 中可以发现，有很多的 HTML 页面文件，每个页面中包含的标签都会有自己的一些默认属性，比如标题标签或段落标签的默认 margin 或 padding、超链接下划线、无序列表前面的小圆点等，在开发的时候都是不需要的，所以需要清除这些默认样式。这么多的页面，每个都重新写一遍清除默认样式的代码是很麻烦的，所以就创建一个 reset.css 来专门清除默认样式。一般企业里也是这样实现的。

5. 使用 meta 视口标签

由于“爱旅行”是专门为移动端设计的一个网站，需要在移动设备上能很好地显示，所以必须使用 meta 视口标签使之在理想视口下浏览。关键代码如下所示：

```
<head>
    <meta charset="UTF-8">
    <meta  name="viewport"  content="width=device-width,  user-scalable=no,  initial-scale=1.0,
maximum-scale=1.0, minimum-scale=1.0"/>
    <title>爱旅行</title>
</head>
```

6. 使用 Flex 布局页面

移动网站和 PC 网站最大的区别就是页面具有伸缩性，因此需要制作出一套页面来适应各种不同尺寸的移动设备，可以使用 Flex 弹性布局来实现。

7. 页面的适配性

在 PC 端开发的时候，使用最多的单位是 px。在移动端开发的时候就不能再使用固定单位 px 了，因为移动设备的尺寸很多，为了让网页在不同的设备下都能有一个很好的显示效果，可以使用相对单位 rem。

爱旅行网站的设计稿宽度是 750px，是根据 iPhone6 的尺寸来设计的。以首页的头部为例，在设计稿中测量得到 88px，若要适配移动端的话，用 flexible.js 库完成（flexible 是淘宝推出的弹性布局方案，可以解决移动端设备适配问题），在页面中实现的关键代码如下所示：

```
header { height: 88/75rem; background-color:rgba(0,0,0,.4);…}
```

从上面的代码中可以发现，header 设置为 88/75rem。为什么要除以 75 转化成 rem 呢？首先单位都要根据 750 设计稿的尺寸，转换成 rem 单位的值。转换方法为：设计稿尺寸/设计稿基准字体大小，设计稿基准字体大小 = 设计稿宽度/10。如设计稿宽度为 750，设计稿基准字体大小为 75；设计稿宽度为 640，设计稿基准字体大小为 64（淘宝的弹性布局方案是可以在任意设计稿尺寸下使用的）。

8. iScroll 框架

iScroll 框架之所以诞生，主要是因为无论是在 iPhone、iPad、Android 或是更早的移动 webkit 上，都没有提供一种原生的方式来支持在一个固定高度的容器内滚动内容，导致所有 WebApp 要模拟成 App 的样子时，只能由一个绝对定位的 header 或 footer 再加上一个可以滚动内容的中间区域组成。iScroll 框架就是用于模拟这个缺失的功能，以一种类似于原生的方式支持在一个固定高度的容器内滚动内容。

任务 3　项目实现

根据以上分析，想必已经知道了如何整体布局网页和如何布局页面中的局部内容了。

下面就依次制作网页，首先制作网页的公用部分，即网站的头部及置底导航。

8.3.1 公用部分

需求说明

通过观察可以知道，“爱旅行”的顶部区域是网站的搜索栏，固定在顶部区域：底部区域则包含公用的置底导航，如图 8.17 所示。

图8.17 顶部搜索及底部导航

技能点分析

- 利用 iScroll 框架的头部做修改
- 适配使用 flexible.js 实现
- 顶部搜索栏中的放大镜图标使用精灵图完成
- 设置底部的置底导航的背景颜色为#ededed
- 通过 Flex 布局置底导航及利用 iScroll 框架的底部做修改
- 置底导航使用 rem 相对单位设置元素的大小

关键代码

- 顶部区域搜索栏的 HTML 关键代码如下：

```
<!--头部搜索-->
    <div id="header">
        <form action="" class="search-wrap">
            <div class="search-box">
                <input type="search" placeholder="搜索旅行地/酒店/景点"/>
            </div>
        </form>
    </div>
```

- 顶部导航的 CSS 关键代码如下：

```
#header {
```

```
    top: 0;
    left: 0;
    z-index: 2;
    width: 100%;
    height: 1.17333333rem;
    position: absolute;
    line-height: 1.17333333rem;
    background-color: rgba(0, 0, 0, 0.1);
}
#header .search-wrap {
    padding: 0 0.48rem;
    margin-top: 0.18666667rem;
    width: 100%;
    height: 0.8rem;
    -webkit-box-sizing: border-box;
    box-sizing: border-box;
}
#header .search-box {
    position: relative;
    z-index: 1;
    padding-left: 0.16rem;
    height: 0.77333333rem;
    line-height: 0.77333333rem;
    border-radius: 0.5rem;
    border: 1px solid #b0c2c1;
}
#header .search-box:before {
    content: '';
    display: block;
    position: absolute;
    top: 0.18666667rem;
    left: 0.16rem;
    width: 0.44rem;
    height: 0.44rem;
    background: url(../images/icon/galss_03.png) center center no-repeat;
    background-size: contain;
}
#header .search-box input {
    padding-left: 0.66666667rem;
    width: 100%;
    font-size: 0.37333333rem;
    height: 0.77333333rem;
    line-height: 0.77333333rem;
    background-color: transparent;
    color: #333;
```

```
    -webkit-box-sizing: border-box;
  box-sizing: border-box;
}
```

8.3.2 网站首页——轮播图

需求说明

轮播图效果如图 8.18 所示。

图8.18 首页轮播图

技能点分析

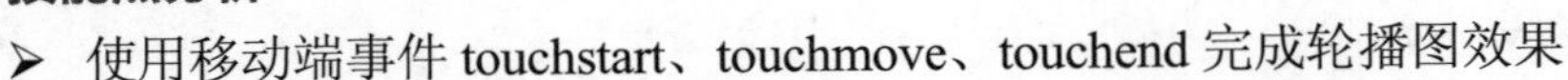

- 使用移动端事件 touchstart、touchmove、touchend 完成轮播图效果
- 封装添加过渡、移除过渡的方法
- 封装改变位置的方法

关键代码

- 轮播图效果的 HTML 关键代码如下。

```
<!-- banner 开始 -->
      <div class="i-banner clearfix"><ul>
            <li><a href="#"><img src="images/img/banner4.jpg" alt=""></a></li>
            <li><a href="#"><img src="images/img/banner1.jpg" alt=""></a></li>
            <li><a href="#"><img src="images/img/banner2.jpg" alt=""></a></li>
            <li><a href="#"><img src="images/img/banner3.jpg" alt=""></a></li>
            <li><a href="#"><img src="images/img/banner4.jpg" alt=""></a></li>
            <li><a href="#"><img src="images/img/banner1.jpg" alt=""></a></li>
            </ul>
            <ul><li class="on"></li><li></li><li></li><li></li></ul>
      </div>
```

- 轮播图效果的 CSS 关键代码如下。

```
#wrapper .i-banner ul:first-child {
   width: 600%;
   overflow: hidden;
   transform: translateX(-16.6667%);
   -webkit-transform: translateX(-16.6667%);
}
#wrapper .i-banner ul:first-child li {
   width: 16.6667%;
   float: left;
}
#wrapper .i-banner ul:first-child li img {
   width: 100%;
   height: 6.65333333rem;
   display: block;
}
#wrapper .i-banner ul:last-child {
```

```
    width: 2rem;
    height: 0.26666667rem;
    position: absolute;
    right: 0.13333333rem;
    bottom: 0.26666667rem;
}
#wrapper .i-banner ul:last-child li {
    width: 0.19333333rem;
    height: 0.19333333rem;
    margin-left: 0.13333333rem;
    border-radius: 50%;
    border: 1px solid #0099cc;
    float: left;
}
#wrapper .i-banner ul:last-child li:first-child { margin-left: 0;}
#wrapper .i-banner ul:last-child .on { background: #0099cc; }
```

8.3.3　网站首页——图文混排

需求说明

首页的主体内容如图 8.19 所示。

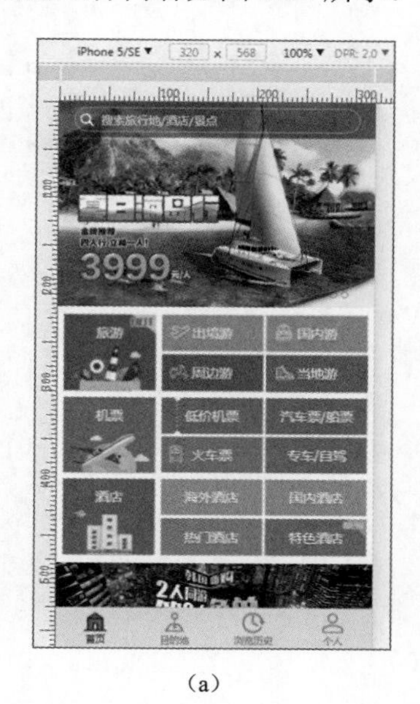

(a)

(b)

图8.19　网站首页

技能点分析

➢ 通过 Flex 布局实现。
➢ 使用精灵图完成按钮区域。
➢ “特卖汇”区域为图文混排，文字描述部分用两行显示，多余文字用省略号代替。

关键代码

➢ “特卖汇”区域图文混排效果的 HTML 关键代码如下。

```
<nav>特卖汇</nav>
<div class="item"><a href="#">
    <div class="img-wrapper"><img src="images/img/item-img0329_01.jpg" alt="" /></div>
    <div class="item-main"><h3>台湾环岛 8 日 7 晚跟团游。甩尾狂甩 3 人行 1 人免单</h3>
        <div class="item-des"><span class="person">席位充足</span>
            <span class="sale-price"><i>¥</i><strong>1999</strong><em>起</em></span>
        </div>
    </div>
    </a>
</div>
```

➢ “特卖汇”区域图文混排效果的 CSS 关键代码如下。

```
.sale .item {
  float: left;
  width: 4.56rem;
  height: auto;
  margin-bottom: 0.21333333rem;
  overflow: hidden;
  border: 1px solid #ccc;
}
.sale .item:nth-child(2n+1) {
  float: right;
}
.sale .item img {
  display: block;
  width: 100%;
}
.sale .item .item-main {
  margin-bottom: 0.2rem;
  padding: 0.21333333rem;
  width: 4.56rem;
  -webkit-box-sizing: border-box;
  box-sizing: border-box;
}
.sale .item .item-main h3 {
  font-size: 0.37333333rem;
  height: 0.93333333rem;
  line-height: 0.46666667rem;
  color: #333;
  font-style: normal;
  font-weight: 500;
  overflow: hidden;
  text-overflow: ellipsis;
```

```
    display: -webkit-box;
    -webkit-box-orient: vertical;
    -webkit-line-clamp: 2;
}
.sale .item .item-des {
    padding: 0.32rem 0 0.18666667rem;
}
.sale .item .item-des .person {
    float: left;
    color: #888;
    font-size: 0.32rem;
}
 .sale .item .item-des .sale-price {
    float: right;
    color: #f90;
}
.sale .item .item-des .sale-price i {
    font-size: 0.24rem;
    vertical-align: 0.10666667rem;
}
.sale .item .item-des .sale-price strong {
    font-size: 0.37333333rem;
}
.sale .item .item-des .sale-price em {
    font-size: 0.24rem;
    color: #999;
}
```

8.3.4　旅游首页

需求说明

旅游首页的效果如图 8.20 所示。

图8.20　旅游首页

技能点分析

- 轮播图、返回顶部、图文混排功能可以复用首页代码完成。
- 按钮区域布局使用 flex 或者浮动均可实现，内部图标使用精灵图完成。
- 图片展示区域中的图片宽高按照切图的大小设置即可。
- 给底部导航的“旅游首页”添加选中样式.active。

关键代码

- “图片展示区域”效果的 HTML 关键代码如下。

```
<article class="img-ad clearfix"><div class="pic">
        <a href="#"><img src="images/img/travel-show_01.jpg" alt="" /></a></div>
        <div class="pic"><a href="#"><img src="images/img/travel-show_02.jpg" alt="" /></a></div>
        <div class="pic"><a href="#"><img src="images/img/travel-show_03.jpg" alt="" /></a></div>
```

```
    <div class="pic"><a href="#"><img src="images/img/travel-show_04.jpg" alt="" /></a></div>
</article>
```

➢ “图片展示区域”效果的CSS关键代码如下。

```
.img-ad {
  width: 10rem;
  border: 0.04rem solid #cecece;
  margin: 0 auto;
  margin-bottom: 0.48rem;
  overflow: auto;
  -webkit-box-sizing: border-box;
  box-sizing: border-box;
}
.img-ad .pic {
  width: 5.92rem;
  height: 4.18666667rem;
  float: left;
  position: relative;
}
.img-ad .pic img {
  display: block;
  width: 100%;
}
.img-ad .pic:before {
  content: '';
  display: block;
  position: absolute;
  top: 0;
  right: 0;
  width: 0.94666667rem;
  height: 0.94666667rem;
  background: url(../images/icon/sprites.png) no-repeat;
  background-size: 10rem auto;
  background-position: -6.72rem -9.52rem;
}
.img-ad .pic:first-child {
  border-bottom: 0.08rem solid #cecece;
}
.img-ad .pic:nth-child(2) {
  width: 3.92rem;
  border: 0.08rem solid #cecece;
  border-top: 0;
  border-right: 0;
}
.img-ad .pic:nth-child(3) {
  width: 3.92rem;
```

```
    border-right: 0.08rem solid #cecece;
}
```

8.3.5 列表页

需求说明

列表页的效果如图 8.21 所示。

图8.21　列表页

技能点分析

➢ 头部区域在原来公用头部的基础上进行修改。

➢ Tab 栏通过 ul 标签进行布局，使用 Zepto 框架中的 addClass、removeClass、show、hide 等完成 Tab 栏切换效果。

➢ 列表区域使用常规布局方式布局即可。

关键代码

➢ “列表区域”效果的 HTML 关键代码如下。

```
<li class="item-container">
    <div class="tour-img"><img src="images/img/list_0411_03.jpg" alt="" /><i></i>
    </div>
    <div class="tour-content"><h3>【宿古北之光】古北水镇 2 日 1 晚跟团价格</h3><div class="tour-icon">
        <span>无购物</span>
        <span>无自费 </span>
        <span class="icon-com">爸妈放心游</span>
     </div>
    <div class="tour-info clearfix">
        <dl>
            <dt>北京出发</dt>
            <dd>5 星古北之光温泉酒店住宿</dd>
        </dl>
    </div>
    <span class="tour-schedule">班期：  每周四、五、六、日</span>
    <div class="tour-des">
            <span class="price"><em>￥</em><strong>2588</strong>起/span>
            <span class="tral"><i>256</i>人出游</span><span class="comment">
                <i>69</i>条评论</span>
            <span class="grade"><strong>5</strong>分</span>
    </div>
    </div>
</li>
```

➢ “列表区域”效果的 CSS 关键代码如下。

```
#wrapper .tab-panel .panel-item .item-container {
   padding: 0.48rem 0 0.4rem 0;
   border-bottom: 1px solid #ccc;
   overflow: hidden;
```

```
}
#wrapper .tab-panel .panel-item .item-container .tour-img {
    float: left;
    position: relative;
    overflow: hidden;
    width: 2.64rem;
    height: 2.30666667rem;
    border: 1px solid #ccc;
}
#wrapper .tab-panel .panel-item .item-container .tour-img img {
    display: block;
    width: 100%;
}
#wrapper .tab-panel .panel-item .item-container .tour-img i {
    display: inline-block;
    position: absolute;
    top: 0;
    right: 0;
    width: 0.94666667rem;
    height: 0.94666667rem;
    background: url(../images/icon/sprites.png) no-repeat;
    background-size: 10rem auto;
    background-position: -6.72rem -9.49333333rem;
}
#wrapper .tab-panel .panel-item .item-container .tour-content {
    float: right;
    position: relative;
    width: 6.53333333rem;
}
#wrapper .tab-panel .panel-item .item-container .tour-content h3 {
    font-size: 0.37333333rem;
    color: #333;
    font-weight: 500;
    white-space: nowrap;
    overflow: hidden;
    text-overflow: ellipsis;
    margin-top: -0.06666667rem;
}
```

8.3.6 详情页

需求说明

详情页的效果如图 8.22 所示。

图8.22　详情页

技能点分析

➢ 头部区域和底部区域分别固定在头部和顶部。

➢ 利用 Zepto 框架中的方法实现单击“查看全部评论”可以查看更多评论，再次单击可以隐藏评论。

➢ tab 栏切换的功能可以复用列表页的代码实现。

关键代码

➢ “立减”“优惠”区域效果的 HTML 关键代码如下。

```
<!--优惠信息开始-->
<section class="sale clearfix">
    <div class="sale-left">
        <div class="sale-item sale-sec"><span class="btn-red">立减</span>
            <div class="item"><i>多人优惠，2 人起立减 200 元/单</i><i>【提前 5 天预订，5 成
                人，优惠 300 元/单】  3/01-4/30</i>
            </div>
        </div>
    <div class="sale-item"><span class="btn-red btn-bg">优惠</span>
            <div class="item"><i>结伴去旅游限时优惠券</i><i>【攻略专享】旅游优惠券
                </i></div>
        </div>
    </div>
        <div class="sale-right"><a href="#">></a></div>
    </section>
```

➢ “立减”“优惠”区域效果的 CSS 关键代码如下。

```
#wrapper .sale .sale-left .item i {
  display: inline-block;
  width: 7.06666667rem;
```

```
    height: 0.4rem;
    line-height: 0.4rem;
    white-space: nowrap;
    overflow: hidden;
    text-overflow: ellipsis;
    font-size: 0.32rem;
}
#wrapper .sale .sale-left .item i:before {
    content: '';
    display: inline-block;
    width: 0.10666667rem;
    height: 0.10666667rem;
    border-radius: 100%;
    background-color: #999;
     margin-right: 0.13333333rem;
}
#wrapper .sale .sale-left .btn-bg {
    background-color: #ef4242;
    color: #fad599;
}
#wrapper .sale .sale-left .sale-sec {
    overflow: hidden;
    padding-bottom: 0.2rem;
}
#wrapper .sale .sale-right { float: right; }
```

8.3.7 选择日期和人数页

需求说明

选择日期和人数页的效果如图 8.23 所示。

图8.23 选择日期和人数页

技能点分析

- 头部区域和底部区域分别固定在头部和顶部。
- 日历功能使用 mobiscroll 插件完成。
- 人数的选择：单击“+”可以增加人数，单击“-”可以减少人数。

关键代码

- 人数的选择“+、-”效果的 HTML 关键代码如下。

```
<div class="man-box clearfix"><span>成人</span>
        <div class="man-box-price">¥<strong>3159</strong>/人</div>
        <div class="man-box-num"><span class="change-box-left jian">-</span>
                <input class="shu" type="tel" name="" id="" value="0">
                <span class="change-box-right jia">+</span>
        </div>
</div>
```

- 人数的选择“+、-”效果的 JavaScript 关键代码如下。

```
// 按钮事件
var jian = document.getElementsByClassName('jian');
var shu = document.getElementsByClassName('shu');
var jia = document.getElementsByClassName('jia');
for(var i = 0; i < jia.length; i++) {
        jian[i].shu = shu[i];
        jia[i].shu = shu[i];
        jia[i].jian = jian[i];
        jian[i].onclick = function() {
        var n = parseInt(this.shu.value)
        if(n > 1) {
                n--;
        }
        this.shu.value = n; };
        ia[i].onclick = function() {
                var n = parseInt(this.shu.value)
                n++;
                this.shu.value = n;
        };
}
```

8.3.8　选择资源页

需求说明

选择资源页的效果如图 8.24 所示。

图8.24　选择资源页

技能点分析

- ➢ 头部区域和底部区域分别固定在头部和顶部，并做相应的修改。
- ➢ 利用伪元素及 CSS 的阴影属性完成半圆的内阴影效果。
- ➢ 数量的选择，单击“+”可以增加人数，单击“-”可以减少人数。

8.3.9　订单填写页

需求说明

订单填写页的效果如图 8.25 所示。

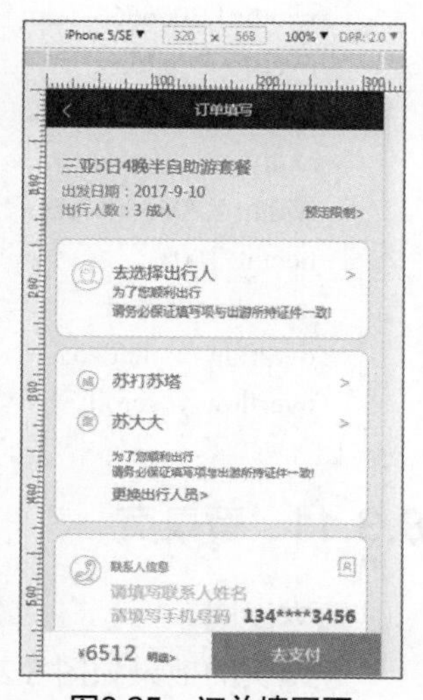

图8.25　订单填写页

技能点分析

- ➢ 头部区域和底部区域分别固定在头部和顶部，并做相应的修改。
- ➢ 小的图标直接使用精灵图实现。

8.3.10 目的地页

需求说明

目的地页的效果如图 8.26 所示。

图8.26 目的地页

技能点分析

- ➢ 头部区域和底部区域分别固定在头部和顶部，并做相应的修改。
- ➢ 页面布局分为左右两部分，两边均可滑动，左侧为 tab 切换效果，单击每一个项目，右侧会发生相应的变化。

关键代码

- ➢ 左侧 tab 栏效果的 HTML 关键代码如下。

```
<!--左侧导航开始-->
<nav class="nav">
<ul><li class="nav-blur nav-current"><Li class="nav-bp1"></i><p>热门</p></li>
      <li class="nav-blur"><i></i><p>国内</p></li>
      <li class="nav-blur"><i></i><p>国外</p></li>
</ul>
</nav>
```

- ➢ 左侧 tab 栏效果的 CSS 关键代码如下。

```
.nav {
  position: absolute;
  top: 2.34666667rem;
   bottom: 1.30666667rem;
  width: 1.70666667rem;
  overflow: hidden;
}
.nav ul {
  width: 1.70666667rem;
  height: 100%;
  text-align: center;
  overflow-x: hidden;
  overflow-y: scroll;
}
```

8.3.11 登录页

需求说明

登录页的效果如图 8.27 所示。

图8.27 登录页

技能点分析

- ➢ 登录名和密码为 input 输入框，通过 CSS 设置边框样式实现截图效果。

➢ 输入密码时，单击后面的“眼睛”图标可以查看密码的明文。

8.3.12　注册页

需求说明

注册页的效果如图 8.28 所示。

技能点分析

➢ 输入密码时，单击后面的“眼睛”图标可以查看密码的明文。

➢ 单击“获取验证码”时，出现模拟 1 分钟倒计时的效果。

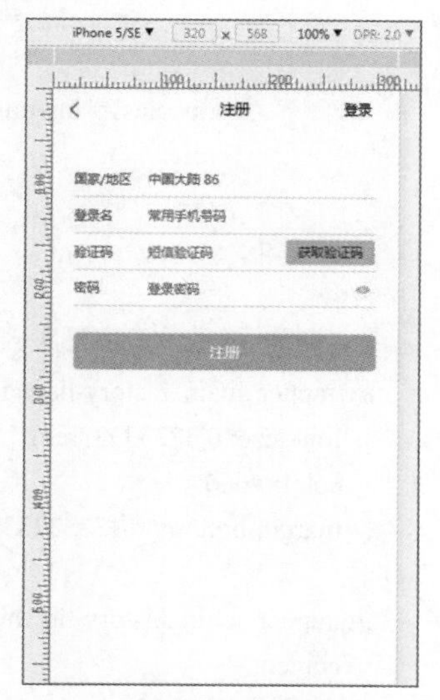

图8.28　注册页

8.3.13　浏览历史页

需求说明

浏览历史页的效果如图 8.29 所示。

图8.29　浏览历史页

技能点分析

➢ 左侧为时间轴的形式，右侧为内容区域。

➢ 右侧内容区域为图文混排效果，可以使用 flex 布局或者浮动来实现。

关键代码

➢ 时间轴效果的 HTML 关键代码如下。

```
<div class="history-item"><i class="his-icon"></i>
    <div class="his-content"><a href="#"><div class="his-wrapper clearfix">
        <div class="his-tit"><h3>云南昆明+大理+丽江+西双版纳 8 日 7 晚跟团游・享 4 飞经典套
            餐</h3>
```

```
            <span class="sale-price"><i>¥</i><strong>2900</strong><em>起</em></span>
        </div>
        <div class="his-img"><img src="images/img/history-lis0421_03.jpg" alt="" /></div>
        </div>
        </a>
    </div>
</div>
```

➢ 时间轴效果的 CSS 关键代码如下。

```
#wrapper .main .history-list .history-time {
  font-size: 0.37333333rem;
  color: #666;
  margin-bottom: 0.13333333rem;
}
#wrapper .main .history-list .history-item .his-icon:before {
  content: '';
  display: inline-block;
  width: 0.32rem;
  height: 0.36rem;
  background: url(../images/icon/sprites.png) no-repeat;
  background-size: 10rem auto;
  background-position: -9.2rem -3.52rem;
   margin-top: 0.13333333rem;
}
#wrapper .main .history-list .history-item .his-content {
  position: relative;
  top: 0;
  left: 0.30666667rem;
  border-left: 1px solid #ccc;
}
```

8.3.14 我的页面

需求说明

我的页面的效果如图 8.30 所示。

图8.30 我的页面

技能点分析

➢ 单击头部右侧的“登录/注册”要进入登录页面。

➢ 单击“全部订单”跳转到订单页。

➢ 本页面的小图标比较多，精灵图使用频繁。

8.3.15 订单页

需求说明

订单页的效果如图 8.31 所示。

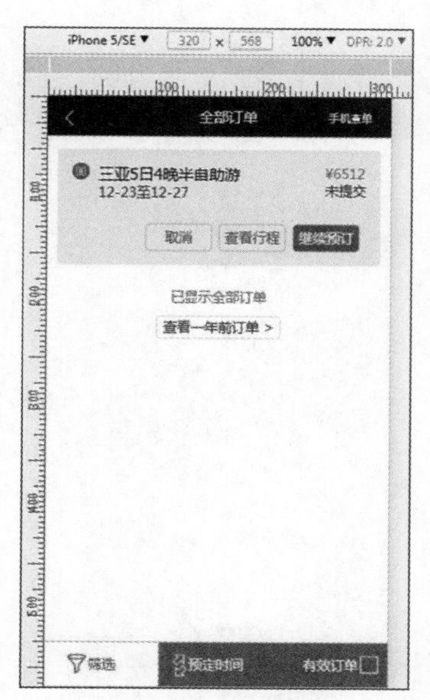

图8.31　订单页

技能点分析

- 底部为 tab 栏切换效果，单击之后，文字和图标的颜色均发生变化。
- 内容区域为订单列表，布局为上下结构。

本章作业

根据项目技能点的梳理及之前章节内容的学习，自行完成“爱旅行”项目的开发。

爱旅行项目